电子基础
实验指导

主　编　陈寿坤　林建华
副主编　张琨英　郑清兰

厦门大学出版社
XIAMEN UNIVERSITY PRESS
国家一级出版社
全国百佳图书出版单位

图书在版编目(CIP)数据

电子基础实验指导/陈寿坤,林建华主编.—厦门:厦门大学出版社,2018.5(2020.7 重印)
ISBN 978-7-5615-6963-4

Ⅰ.①电… Ⅱ.①陈…②林… Ⅲ.①电子技术-实验-高等学校-教学参考资料
Ⅳ.①TN-33

中国版本图书馆 CIP 数据核字(2018)第 100096 号

出 版 人	郑文礼
责任编辑	李峰伟
封面设计	蒋卓群
技术编辑	许克华

出版发行	厦门大学出版社
社　　址	厦门市软件园二期望海路 39 号
邮政编码	361008
总 编 办	0592-2182177　0592-2181406(传真)
营销中心	0592-2184458　0592-2181365
网　　址	http://www.xmupress.com
邮　　箱	xmupress@126.com
印　　刷	三明市华光印务有限公司

开本	787 mm×1 092 mm　1/16
印张	13.5
字数	330 千字
版次	2018 年 5 月第 1 版
印次	2020 年 7 月第 2 次印刷
定价	39.00 元

本书如有印装质量问题请直接寄承印厂调换

厦门大学出版社
微信二维码

厦门大学出版社
微博二维码

前　言

　　电子基础课程是工科专业的专业基础课,包括电路与电工技术基础、模拟电子技术基础、数字电子技术基础等,其中电路与电工技术基础主要研究基本概念和定律,电路的等效变换,线性电路的一般分析方法,变压器、电动机的控制电路等;模拟电子技术基础主要研究基本电子元器件、基本模拟电子线路及简单功能器件;数字电子技术基础主要研究逻辑代数基础、组合逻辑电路、触发器、时序逻辑电路、半导体存储器等相关知识。这三门课程是工科专业学生所必修的基础课程,也都是实践性很强的课程。而实验课可加深理论理解和验证课本的理论知识,提高学生识别元件、搭接电路、分析电路、设计电路的实际水平,为后续课程的实验打下良好的基础,是本科教学任务中至关重要的一个环节。

　　鉴于上述原因,目前本科院校的机械、电子、电气及其他相关的工科专业都开设了这三门课程,且这三门课程的实验所占的比重较大。为此,本书在实验内容上充分考虑到专业的需要,无论是电类还是非电类专业,都可从中选择课程所需的实验项目,保证学生在每一次的实验课中都能学到知识,为培养应用型人才打下基础。

　　本书的实验内容编排主要依据相关专业学生的培养目标以及教材内容而定,主要包括三大部分的实验,分别是电路与电工技术实验、模拟电子技术实验及数字电子技术实验。实验项目从基础的验证性实验到综合设计性实验,内容由浅入深。每个实验项目都简要介绍了该实验所涉及的理论知识,并以此知识点安排相关的实验内容,使学生在做实验的同时能很好地掌握理论知识,提高分析问题和解决问题的能力,满足普通工科院校电类及非电类专业学生对电子基础课程实验的要求。

　　本书主编为陈寿坤和林建华,副主编为张琨英和郑清兰,参编人员有许书烟、于雷、安玲玲和苏燕云。全书由陈寿坤负责统稿,林建华、张琨英和郑清兰负责审阅全稿。

　　本实验教材可作为高等院校电类及非电类专业电工学、电工与电子技术、模拟电子技术等课程的配套实验指导书,也可供有关工程技术人员参考。

　　由于编者水平有限,书中难免存在错误和不妥之处,敬请广大读者批评指正,以便今后不断改进。

编者

2018 年 5 月

目　录

第三部分　数字电子技术实验

第四部分　附　录

第一部分　电路与电工技术实验

第一章　基础实验

实验一　电位、电压的测定及电路电位图的绘制

一、实验目的

1. 验证电路中电位的相对性和电压的绝对性。
2. 掌握电路电位图的绘制方法。

二、实验原理

在一个闭合电路中,各点电位的高低视所选的电位参考点的不同而改变,但任意两点间的电位差(即电压)则是绝对的,它不因参考点的变动而改变。

电位图是一种在平面坐标一、四两象限内的折线图,其纵坐标为电位值,横坐标为各被测点。要绘制某一电路的电位图,先以一定的顺序对电路中各被测点编号。以图 1.1 的电路为例,如图中的 A~F,先在坐标横轴上按顺序、均匀间隔标上 A、B、C、D、E、F、A;再根据测得的各点电位值,在各点所在的垂直线上描点;最后用直线依次连接相邻两个电位点,即得该电路的电位图。

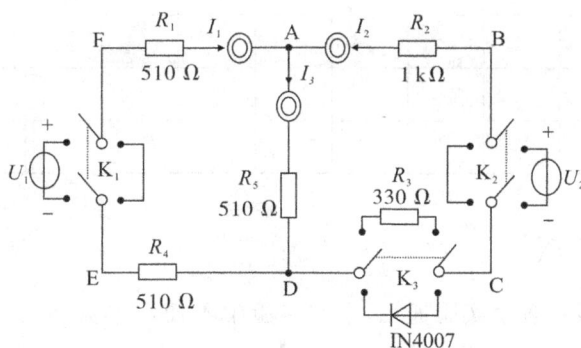

图 1.1　电路接线示意

在电位图中,任意两个被测点的纵坐标值之差即为该两点之间的电压值。

在电路中,电位参考点可任意选定。对于不同的参考点,所绘出的电位图形是不同的,

但各点的电位变化规律是一样的。

三、实验设备

实验设备见表 1.1。

表 1.1 实验设备

序　号	名　　称	型号与规格	数　量	备　注
1	直流可调稳压电源	0～30 V	两路	
2	万用表		1	自备
3	直流数字电压表	0～200 V	1	
4	电位、电压测定实验电路板		1	DGJ-03

四、实验内容

利用 DGJ-03 实验挂箱上的"基尔霍夫定律/叠加原理"线路，按图 1.1 接线。

1. 分别将两路直流可调稳压电源接入电路，令 $U_1 = 6$ V，$U_2 = 12$ V（先调准输出电压值，再接入实验线路中）。学生也可自主选取 U_1、U_2 的电压值（在 0～30 V 范围内）。

2. 以图 1.1 中的 A 点作为电位的参考点，分别测量 B、C、D、E、F 各点的电位值 φ 及相邻两点之间的电压值 U_{AB}、U_{BC}、U_{CD}、U_{DE}、U_{EF} 及 U_{FA}，数据列于表 1.2。

3. 以 D 点作为参考点，重复实验内容 2 的测量，测得数据列于表 1.2。

表 1.2 数据记录

电位参考点	φ 与 U	φ_A	φ_B	φ_C	φ_D	φ_E	φ_F	U_{AB}	U_{BC}	U_{CD}	U_{DE}	U_{EF}	U_{FA}
A	计算值												
	测量值												
	相对误差												
D	计算值												
	测量值												
	相对误差												

五、实验注意事项

1. 本实验线路板系多个实验通用，本次实验中不使用电流插头。DGJ-03 上的 K_3 应拨向 330 Ω 侧，3 个故障按键均不得按下。

2. 测量电位时，用指针式万用表的直流电压挡或数字直流电压表测量时，负表棒（黑色）接参考电位点，正表棒（红色）接被测各点。若指针正向偏转或数显表显示正值，则表明该点电位为正（即高于参考点电位）；若指针反向偏转或数显表显示负值，应调换万用表的表棒,然后读出数值,此时在电位值之前应加一负号(表明该点电位低于参考点电位)。数显表也可不调换表棒,直接读出负值。

六、预习思考题

电压和电位是同一个概念吗？若不同,则各代表什么？

七、实验报告

1. 根据实验数据,绘制两个电位图形,并对照观察各对应两点间的电压情况。两个电位图的参考点不同,但各点的相对顺序应一致,以便对照。

2. 完成数据表格中的计算,并对误差进行必要的分析。

3. 总结电位相对性和电压绝对性的结论。

4. 心得体会及其他。

实验二　受控源 VCVS、VCCS、CCVS、CCCS 的特性测量

一、实验目的

通过测试受控源的外特性及其转移参数，进一步理解受控源的物理概念，加深对受控源的认识和理解。

二、实验原理

1. 电源有独立源（如电池、发电机等）与非独立源（或称为受控源）之分。

受控源与独立源的不同点是：独立源的电势 E_s 或电流 I_s 是某一固定的数值或是时间的某一函数，它不随电路其余部分的状态而变。而受控源的电势或电流则是随电路中另一支路的电压或电流而变的。

受控源又与无源元件不同，无源元件两端的电压和它自身的电流有一定的函数关系，而受控源的输出电压或电流则和另一支路（或元件）的电流或电压有某种函数关系。

2. 独立源与无源元件是二端器件，受控源则是四端器件，或称为双口元件。受控源有一对输入端（U_1、I_1）和一对输出端（U_2、I_2），输入端可以控制输出端电压或电流的大小，施加于输入端的控制量可以是电压或电流，因而有两种受控电压源，即电压控制电压源（voltage controlled voltage source，VCVS）和电流控制电压源（current controlled voltage source，CCVS），两种受控电流源，即电压控制电流源（voltage controlled current source，VCCS）和电流控制电流源（current controlled current source，CCCS），示意图如图 1.2 所示。

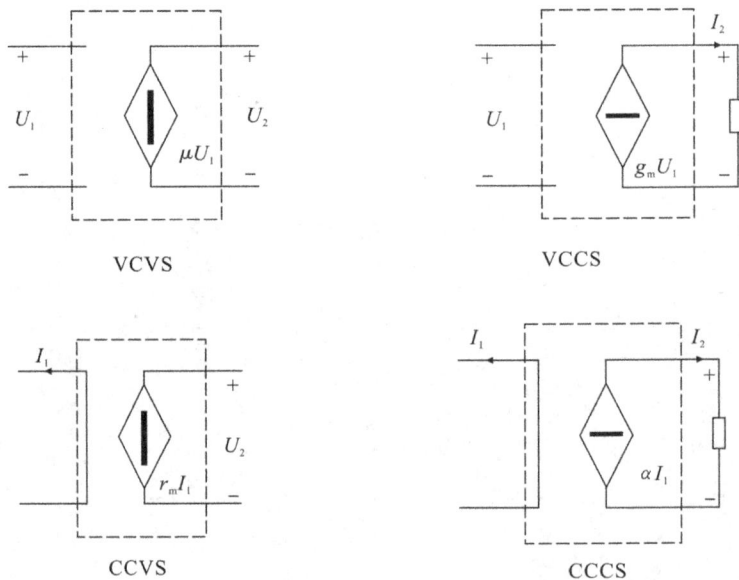

图 1.2　受控源模型

　　3. 当受控源的输出电压(或电流)与控制支路的电压(或电流)成正比变化时,则称该受控源是线性的。理想受控源的控制支路中只有一个独立变量(电压或电流),另一个独立变量等于零,即从输入口看,理想受控源或者是短路(即输入电阻 $R_1=0$,因而输入电压 $U_1=0$),或者是开路(即输入电导 $G_1=0$,因而输入电流 $I_1=0$);从输出口看,理想受控源或者是一个理想电压源,或者是一个理想电流源。

　　4. 受控源的控制端与受控端的关系式称为转移函数。

　　4 种受控源的转移函数参量的定义如下:

　　(1)电压控制电压源(VCVS),$U_2=f(U_1)$,$\mu=U_2/U_1$ 称为转移电压比(或电压增益)。

　　(2)电压控制电流源(VCCS),$I_2=f(U_1)$,$g_m=I_2/U_1$ 称为转移电导。

　　(3)电流控制电压源(CCVS),$U_2=f(I_1)$,$r_m=U_2/I_1$ 称为转移电阻。

　　(4)电流控制电流源(CCCS),$I_2=f(I_1)$,$\alpha=I_2/I_1$ 称为转移电流比(或电流增益)。

三、实验设备

实验设备见表1.3。

表 1.3　实验设备

序　号	名　　称	型号与规格	数　量	备　注
1	直流可调稳压电源	0~30 V	1	DGJ-01
2	直流可调恒流电源	0~500 mA	1	DGJ-01
3	直流数字电压表	0~200 V	1	DGJ-02
4	直流数字毫安表	0~200 mA	1	DGJ-02
5	可变电阻箱	0~99 999.9 Ω	1	DGJ-05
6	受控源实验电路板		1	DGJ-08

四、实验内容

1. 测量受控源 VCCS 的转移特性 $I_2=f(U_1)$ 及输出特性。

实验线路如图 1.3 所示,U_1 为直流可调稳压电源。

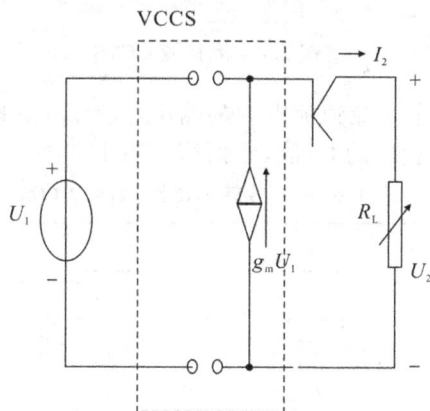

图 1.3　受控源 VCCS

（1）固定 $R_L = 2$ kΩ，调节直流稳压电源的输出电压 U_1，使其在 $0\sim5$ V 范围内取值（建议多取几点），测量 U_1 及相应的 I_2 值，数据填入表 1.4 中。

表 1.4　VCCS 转移特性 $(R_L = 2$ kΩ$)$

测量值	U_1/V	0							5
	I_2/mA								
实际计算值	g_m/S								

（2）保持 $U_1 = 2$ V，调节 R_L 从 0 增至 5 kΩ（建议多取几点），测量相应的 I_2 及 U_2 值，数据填入表 1.5 中。

表 1.5　VCCS 输出特性 $(U_1 = 2$ V$)$

$R_L/\text{k}\Omega$	0							5
U_2/V								
I_2/mA								

2. 测量受控源 CCVS 的转移特性 $U_2 = f(I_1)$ 及输出特性。

实验线路如图 1.4 所示，I_1 为直流可调恒流电源。

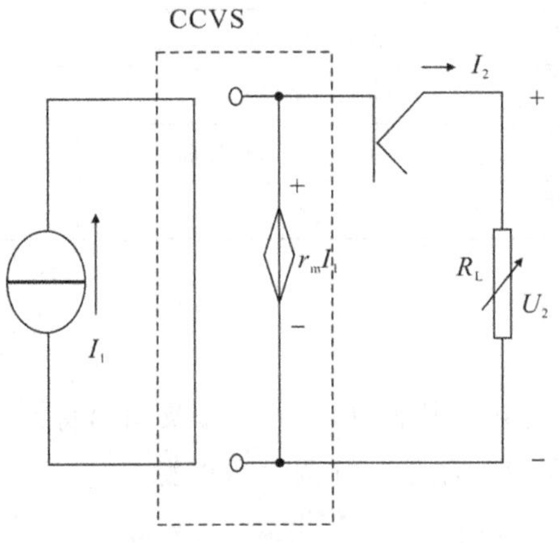

图 1.4　受控源 CCVS

（1）固定 $R_L = 2$ kΩ，调节直流恒流电源的输出电流 I_1，使其在 $0\sim0.8$ mA 范围内取值（建议多取几点），测量 I_1 及相应的 U_2 值，数据填入表 1.6 中。

表 1.6　CCVS 转移特性 $(R_L = 2$ kΩ$)$

测量值	I_1/mA	0							0.8
	U_2/V								
实际计算值	$r_m/\text{k}\Omega$								

(2)保持 $I_1＝0.3\,\text{mA}$,调节 R_L 从 $1\,\text{k}\Omega$ 增至∞(建议多取几点),测量相应的 U_2 及 I_2 值,数据填入表 1.7 中。

表 1.7　CCVS 输出特性($I_1＝0.3\,\text{mA}$)

$R_L/\text{k}\Omega$	1	∞
U_2/V		
I_2/mA		

3. 测量受控源 VCVS 的转移特性 $U_2＝f(U_1)$ 及输出特性。

实验线路是用 CCVS 和 VCCS 两个不同类型的受控源连接而成的,如图 1.5 所示,其中 U_1 为直流可调稳压电源。

(1)固定 $R_L＝2\,\text{k}\Omega$,调节直流稳压电源的输出电压 U_1,使其在 $0\sim6\,\text{V}$ 范围内取值(建议多取几点),测量 U_1 及相应的 U_2 值,数据填入表 1.8 中。

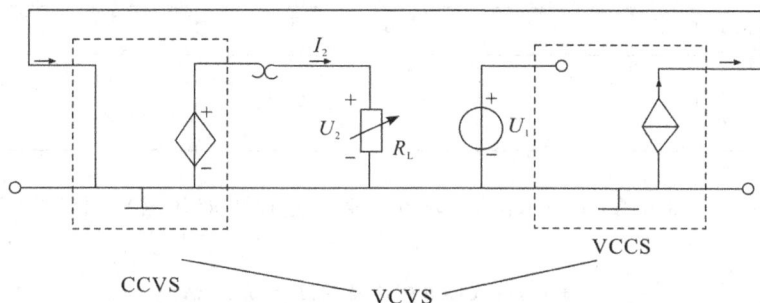

图 1.5　受控源 VCVS

表 1.8　VCVS 转移特性($R_L＝2\,\text{k}\Omega$)

测量值	U_1/V	0	6
	U_2/V		
实际计算值	μ		

(2)保持 $U_1＝2\,\text{V}$,调节 R_L 从 $1\,\text{k}\Omega$ 增至∞(建议多取几点),测量相应的 U_2 及 I_2 值,数据填入表 1.9 中。

表 1.9　VCVS 输出特性($U_1＝2\,\text{V}$)

$R_L/\text{k}\Omega$	1	∞
U_2/V		
I_2/mA		

4. 测量受控源 CCCS 的转移特性 $I_2＝f(I_1)$ 及输出特性。

实验线路是用 CCVS 和 VCCS 两个不同类型的受控源连接而成的,如图 1.6 所示,I_1 为直流可调恒流电源。

(1)固定 $R_L=2$ kΩ，调节直流恒流电源的输出电流 I_1，使其在 0～0.8 mA 范围内取值（建议多取几点），测量 I_1 及相应的 I_2 值，数据填入表 1.10 中。

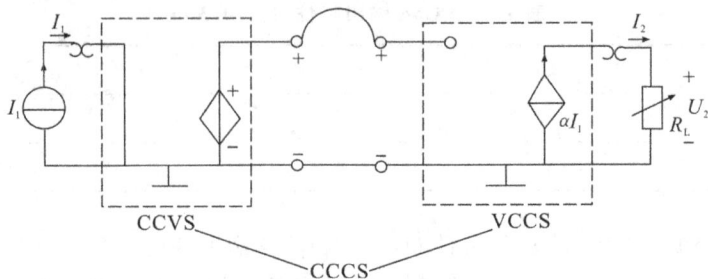

图 1.6 受控源 CCCS

表 1.10 CCCS 转移特性($R_L=2$ kΩ)

测量值	I_1/mA	0	0.8
	I_2/mA		
实际计算值	α		

(2)保持 $I_1=0.3$ mA，调节 R_L 从 0 增至 4 kΩ（建议多取几点），测量相应的 I_2 及 U_2 值，数据填入表 1.11 中。

表 1.11 CCCS 输出特性($I_1=0.3$ mA)

R_L/kΩ	0	4
U_2/V		
I_2/mA		

五、实验注意事项

1. 每次组装线路，必须事先断开供电电源，但不必关闭电源总开关。

2. 在用恒流源供电的实验中，不要使恒流源的负载开路。

3. 如果只有 VCCS 和 CCVS 两种线路，要做 VCVS 或 CCCS 实验，须利用 VCCS 和 CCVS 两线路进行适当连接。

4. 本次实验测量的数据较多，注意及时更换测量仪表的量程，注意不能用电流表测量 VCVS 和 CCVS 的输出电压。

六、预习思考题

1. 受控源和独立源相比有何异同点？

2. VCVS 受控源，当输入电压保持不变时，输出电压有何变化？

七、实验报告

1. 根据实验数据,在坐标纸上分别绘出 4 种受控源的转移特性和负载特性曲线,并求出相应的转移参量。
2. 心得体会及其他。

实验三　基尔霍夫定律

一、实验目的

1. 验证基尔霍夫定律的正确性,加深对基尔霍夫定律的理解。
2. 学会用电流插头、插座测量各支路电流,会使用直流电流表和电压表。

二、实验原理

基尔霍夫定律是电路的基本定律。测量某电路的各支路电流及每个元件两端的电压,应能分别满足基尔霍夫电流定律(Kirchhoff's current law,KCL)和电压定律(Kirchhoff's voltage law,KVL),即对电路中的任意一个节点而言,应有 $\sum I=0$;对任何一个闭合回路而言,应有 $\sum U=0$。

运用上述定律时必须注意各支路或闭合回路中电流的正方向,此方向可预先任意设定。

三、实验设备

实验设备见表 1.12。

表 1.12　实验设备

序　号	名　称	型号与规格	数　量	备　注
1	直流可调稳压电源	0~30 V	两路	DGJ-01
2	万用表	VC9808+	1	自备
3	直流数字电压表	0~200 V	1	DGJ-02
4	电位、电压测定实验电路板		1	DGJ-03

四、实验内容

实验线路如图 1.7 所示,用 DGJ-03 挂箱的"基尔霍夫定律/叠加原理"线路。

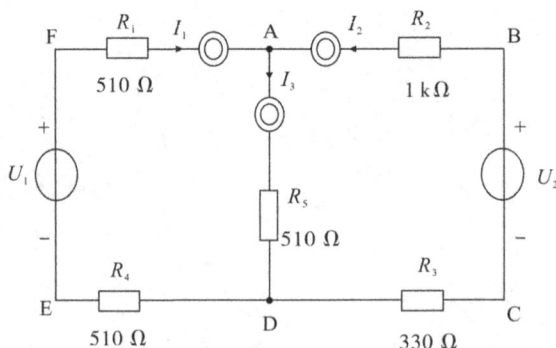

图 1.7　基尔霍夫电路接线示意

　　1. 实验前先任意设定 3 条支路和 3 个闭合回路的电流正方向。图 1.7 中的 I_1、I_2、I_3 的方向已设定。3 个闭合回路的电流正方向可设为 ADEFA、BADCB 和 FBCEF。学生也可自主设定方向。

　　2. 分别将两路直流可调稳压电源接入电路,令 $U_1 = 6$ V, $U_2 = 12$ V。

　　3. 熟悉电流插头的结构,将电流插头的两端接至数字毫安表的"＋""－"两端。

　　4. 将电流插头分别插入 3 条支路的 3 个电流插座中,读出并记录电流值。

　　5. 用直流数字电压表分别测量两路电源及电阻元件上的电压值,记录于表 1.13 中。

表 1.13　直流数字电压表测量的两路电源及电阻元件上的电压值

被测量	I_1/mA	I_2/mA	I_3/mA	U_1/V	U_2/V	U_{FA}/V	U_{AB}/V	U_{AD}/V	U_{CD}/V	U_{DE}/V
计算值										
测量值										

五、实验注意事项

　　1. 所有需要测量的电压值均以电压表测量的读数为准。U_1、U_2 也需测量,不应取电源本身的显示值。

　　2. 防止稳压电源两个输出端碰线而发生短路。

　　3. 用指针式电压表或电流表测量电压或电流时,如果仪表指针反偏,则必须调换仪表极性,重新测量;如果指针正偏,则可读得电压或电流值。若用数显电压表或电流表测量,则可直接读出电压或电流值。但应注意:所读得的电压或电流值的正、负号应根据设定的电流参考方向来判断。

六、预习思考题

　　1. 根据图 1.7 的电路参数,计算出待测的电流 I_1、I_2、I_3 和各电阻上的电压值,填入表 1.13 中,以便实验测量时可正确地选定毫安表和电压表的量程。

　　2. 实验中,若用指针式万用表直流毫安挡测各支路电流,在什么情况下可能出现指针反偏? 应如何处理? 在记录数据时应注意什么? 若用直流数字毫安表进行测量,则会显示什么呢?

七、实验报告

　　1. 根据实验数据,选定节点 A,验证 KCL 的正确性。

　　2. 根据实验数据,选定实验电路中的任意一个闭合回路,验证 KVL 的正确性。

　　3. 误差原因分析。

　　4. 心得体会及其他。

实验四 叠加原理

一、实验目的

验证线性电路叠加原理的正确性,加深对线性电路的叠加性和齐次性的认识和理解。

二、实验原理

叠加原理指出:在有多个独立源共同作用下的线性电路中,通过每一个元件的电流或其两端的电压,可以看成是由每一个独立源单独作用时在该元件上所产生的电流或电压的代数和。

线性电路的齐次性是指当激励信号(某独立源的值)增加 K 倍或减少到原来的 $1/K$ 时,电路的响应(即在电路中各电阻元件上所建立的电流和电压值)也将增加 K 倍或减少到原来的 $1/K$。

三、实验设备

实验设备见表1.14。

表 1.14 实验设备

序　号	名　称	型号与规格	数　量	备　注
1	直流可调稳压电源	0～30 V 可调	两路	DGJ-01
2	万用表	VC9808＋	1	自备
3	直流数字电压表	0～200 V	1	DGJ-02
4	直流数字毫安表	0～200 mV	1	DGJ-02
5	叠加原理实验电路板		1	DGJ-03

四、实验内容

用 DGJ-03 挂箱的"基尔霍夫定律/叠加原理"线路,结合图1.8的实验接线参考图进行验证。

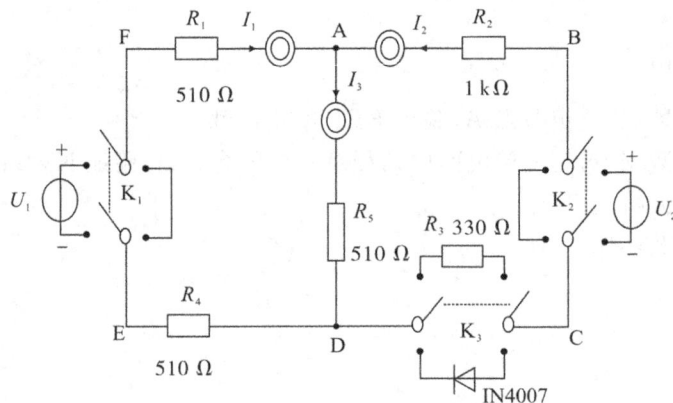

图 1.8 叠加原理接线示意

1. 学生可自主将两路直流稳压电源的输出电压值分别调节为倍数的关系即可,再接入 U_1 和 U_2 处。

2. 令 U_1 单独作用(将开关 K_1 投向 U_1 侧,开关 K_2 投向短路侧),用直流数字电压表和毫安表(接电流插头)测量各支路电流及各电阻元件两端的电压,数据记入表 1.15 中。

3. 令 U_2 单独作用(将开关 K_1 投向短路侧,开关 K_2 投向 U_2 侧),重复实验步骤 2 的测量和记录,数据记入表 1.15 中。

4. 令 U_1 和 U_2 共同作用(开关 K_1 和 K_2 分别投向 U_1 和 U_2 侧),重复上述的测量和记录,数据记入表 1.15 中。

5. 将 U_2 的数值调至原有的两倍,重复实验步骤 3 的测量并记录,数据记入表 1.15 中。

表 1.15　数据记录表 1

测量项目 实验内容	U_1/V	U_2/V	I_1/mA	I_2/mA	I_3/mA	U_{AB}/V	U_{CD}/V	U_{AD}/V	U_{DE}/V	U_{FA}/V
U_1 单独作用										
U_2 单独作用										
U_1、U_2 共同作用										
$2U_2$ 单独作用										

6. 将 R_3(330 Ω)换成二极管 IN4007(即将开关 K_3 投向二极管 IN4007 侧),重复 1～5 的测量过程,数据记入表 1.16 中。

表 1.16　数据记录表 2

测量项目 实验内容	U_1/V	U_2/V	I_1/mA	I_2/mA	I_3/mA	U_{AB}/V	U_{CD}/V	U_{AD}/V	U_{DE}/V	U_{FA}/V
U_1 单独作用										
U_2 单独作用										
U_1、U_2 共同作用										
$2U_2$ 单独作用										

7. 判断电路的故障,要求 U_1 和 U_2 共同作用,K_3 上拨,任意按下某个故障设置按键,按表 1.17 的要求测量和记录,再根据测量结果判断出具体的故障。

表 1.17　数据记录表 3

测量项目 实验内容	I_1/mA	I_2/mA	I_3/mA	U_{AB}/V	U_{CD}/V	U_{AD}/V	U_{DE}/V	U_{FA}/V	故障原因
故障一									
故障二									
故障三									

五、实验注意事项

1. 用电流插头测量各支路电流时,或者用电压表测量电压时,应注意仪表的极性,正确判断测得值的正、负号后,再记入数据表格。

2. 注意仪表量程的及时更换。

六、预习思考题

1. 在叠加原理实验中,要令 U_1、U_2 分别单独作用,应如何操作? 可否直接将不作用的电源(U_1 或 U_2)短接置零?

2. 实验电路中,若有一个电阻器改为二极管,试问叠加原理的叠加性与齐次性还成立吗? 为什么?

七、实验报告

1. 根据实验数据表格进行分析、比较,归纳、总结实验结论,即验证线性电路的叠加性与齐次性。

2. 能用叠加原理计算各电阻器所消耗的功率吗? 为什么?

3. 通过实验你认为叠加原理适用于哪些元器件?

4. 心得体会及其他。

实验五 戴维南定理

一、实验目的

1. 验证戴维南定理的正确性,并加深对该定理的理解。
2. 掌握测量有源二端网络等效参数的一般方法。

二、实验原理

1. 任何一个线性含源网络,如果仅研究其中一条支路的电压和电流,则可将电路的其余部分看作一个有源二端网络(或称为含源一端口网络)。

戴维南定理指出:任何一个线性有源网络,总可以用一个电压源与一个电阻的串联来等效代替,此电压源的电动势 U_s 等于这个有源二端网络的开路电压 U_{oc},其等效内阻 R_0 等于该网络中所有独立源均置零(理想电压源视为短接,理想电流源视为开路)时的等效电阻。

$U_{oc}(U_s)$ 和 R_0 称为有源二端网络的等效参数。

2. 有源二端网络等效参数的测量方法。

(1)开路电压、短路电流法测 R_0:在有源二端网络输出端开路时,用电压表直接测其输出端的开路电压 U_{oc},然后再将其输出端短路,用电流表测其短路电流 I_{sc},则等效内阻为

$$R_0 = \frac{U_{oc}}{I_{sc}}$$

(2)外施电源法测量 R_0:将线性有源二端网络中所有独立源均置于零(电压源短接,电流源开路),端口施加一电源电压 U,测量输出端口流过的电流 I,则等效内阻 R_0 为

$$R_0 = \frac{U}{I}$$

三、实验设备

实验设备见表 1.18。

表 1.18 实验设备

序 号	名 称	型号与规格	数 量	备 注
1	直流可调稳压电源	0~30 V	1	DGJ-01
2	直流可调恒流电源	0~500 mA	1	DGJ-01
3	直流数字电压表	0~200 V	1	DGJ-02
4	直流数字毫安表	0~200 mA	1	DGJ-02
5	万用表	VC9808+	1	自备
6	可调电阻箱	0~99 999.9 Ω	1	DGJ-05
7	电位器	1 kΩ/2 W	1	DGJ-05
8	戴维南定理实验电路板		1	DGJ-03

四、实验内容

被测有源二端网络如图 1.9(a)所示。

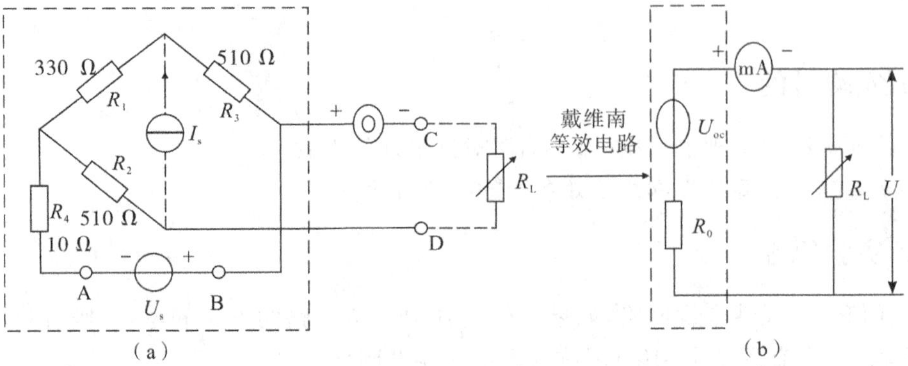

图 1.9 戴维南接线示意

（一）测量戴维南等效电路的参数

1. 开路电压、短路电流法：按图 1.9(a)所示接入稳压电源 $U_s=12$ V 和恒流电源 $I_s=10$ mA（学生也可自主选择参数），不接入 R_L，测出 U_{oc} 和 I_{sc}，并计算出 R_0，将测量值写入表1.19中。

2. 外施电源法：在步骤1的基础上，拆除恒流电源 $I_s=10$ mA，将稳压电源 $U_s=12$ V 移到二端网络端口上，原位置（即 A 和 B 点）用短路线替代，测量端口（即 C 和 D）两点的电压 U 和电路流过的电流 I，计算出等效电阻 R_0，将测量值写入表 1.19 中。

表 1.19 数据记录表1

开路电压、短路电流法	U_{oc}/V	I_{sc}/mA	$R_0(U_{oc}/I_{sc})/\Omega$
外施电源法	U/V	I/mA	$R_0(U/I)/\Omega$

（二）测量线性有源二端网络的外特性

按图 1.9(a)所示接入稳压电源 $U_s=12$ V 和恒流电源 $I_s=10$ mA 并接入 R_L，改变 R_L 阻值，测量有源二端网络的外特性曲线，将测量值写入表 1.20 中。

表 1.20 数据记录表2

R_L/Ω	0	300	500	R_0	700	2 k	5 k	10 k	∞
U/V									
I/mA									

（三）验证戴维南定理

按图 1.9(b)所示接线，U_{oc} 调为步骤（一）中所测得的开路电压值，R_0 为电路的等效电阻,再仿照步骤(二)测量其外特性,对戴维定理进行验证,并将测量值写入表1.21中。

表 1.21　数据记录表 3

R_L/Ω	0	300	500	R_0	700	2 k	5 k	10 k	∞
U/V									
I/mA									

五、实验注意事项

1. 测量时应注意电流表量程的更换。

2. 改接线路时,要关掉电源。

六、预习思考题

1. 图 1.9(a)所示的等效电阻理论上怎么求,写出计算过程。

2. 写出开路电压、短路电流法的操作过程。

七、实验报告

1. 根据步骤(二)和(三),分别在坐标纸上绘出曲线,验证戴维南定理的正确性,并分析产生误差的原因。

2. 归纳、总结实验结果。

3. 心得体会及其他。

实验六　RC 一阶电路的响应测试

一、实验目的

1. 测定 RC 一阶电路的零输入响应、零状态响应及完全响应。
2. 学习用实验的方法测定 RC 电路的时间常数 τ 值。
3. 掌握有关微分电路和积分电路的概念,加深理解微分和积分电路的必要条件。
4. 学习函数信号发生器的使用方法,学会用示波器测绘响应波形。

二、实验原理

1. 动态网络的过渡过程是十分短暂的单次变化过程,要用普通示波器观察过渡过程和测量有关的参数,就必须使这种单次变化的过程重复出现。为此,我们利用信号发生器输出的方波来模拟阶跃激励信号,即利用方波输出的上升沿作为零状态响应的正阶跃激励信号,利用方波输出的下降沿作为零输入响应的负阶跃激励信号。只要选择方波的重复周期远大于电路的时间常数 τ,那么电路在这样的方波序列脉冲信号的激励下,它的响应就和直流电接通与断开的过渡过程基本相同。

2. 图 1.10 所示的 RC 一阶电路的零输入响应和零状态响应分别按指数规律衰减和增长,其变化的快慢取决于电路的时间常数 τ。

3. 时间常数 τ 的测定方法:

用示波器测量零输入响应的波形如图 1.10(a)所示。

根据一阶微分方程的求解得知,$u_C = U_m e^{-t/RC} = U_m e^{-t/\tau}$。当 $t = \tau$ 时,$u_C(\tau) = 0.368U_m$,此时所对应的时间就等于 τ。亦可用零状态响应波形增加到 $0.632U_m$ 所对应的时间测得,如图 1.10(c)所示。

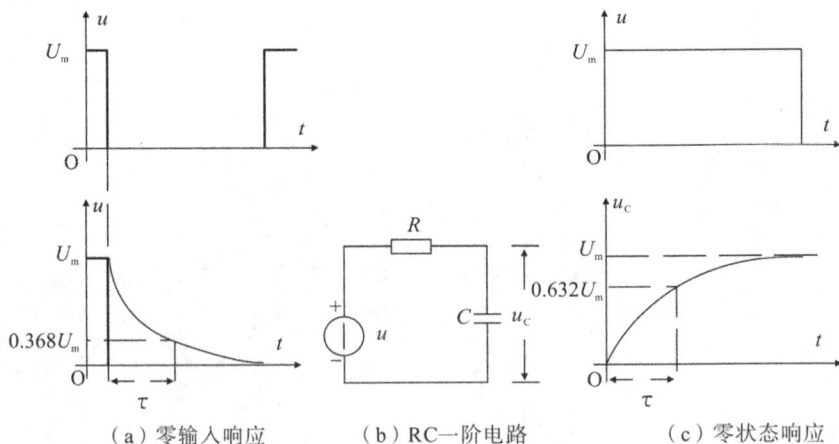

图 1.10　一阶电路分析

4. 微分电路和积分电路是 RC 一阶电路中较典型的电路,它对电路元件参数和输入信号的周期有着特定的要求。一个简单的 RC 串联电路,在方波序列脉冲的重复激励下,当满足 $\tau = RC \ll \dfrac{T}{2}$($T$ 为方波脉冲的重复周期),且由 R 两端的电压作为响应输出时,该电路就是一个微分电路,此时电路的输出信号电压与输入信号电压的微分成正比,如图 1.11(a)所示。利用微分电路可以将方波转变成尖脉冲。

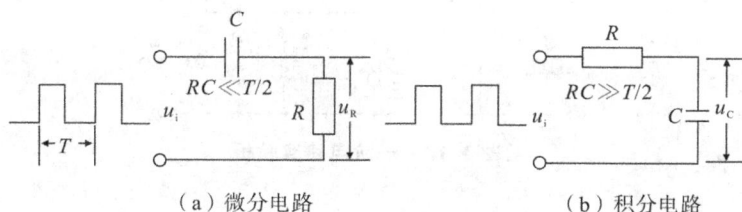

（a）微分电路　　　　　　　　（b）积分电路

图 1.11　微积分电路接线

5. 若将图 1.11(a)中的 R 与 C 位置调换一下,如图 1.11(b)所示,由 C 两端的电压作为响应输出,且当电路的参数满足 $\tau = RC \gg \dfrac{T}{2}$ 时,该 RC 电路称为积分电路,此时电路的输出信号电压与输入信号电压的积分成正比。利用积分电路可以将方波转变成三角波。

三、实验设备

实验设备见表 1.22。

表 1.22　实验设备

序　号	名　　称	型号与规格	数　量	备　注
1	函数信号发生器		1	输出方波
2	数字存储式双踪示波器	GDS-1062	1	
3	动态电路实验板		1	DGJ-03

四、实验内容

实验线路板的结构如图 1.12 所示,请认清 R、C 元件的布局及其标称值,各开关的通断位置等。

函数信号发生器加在线路板的激励端,双踪示波器的两个输入端口 CH1 和 CH2 接入线路板的激励端和响应端。接通电源,调节函数信号发生器,使其输出幅度为 $U_m = 3$ V、频率 $f = 1$ kHz 的方波电压信号。

1. 按图 1.11(a)所示组成 RC 电路,观测 $C = 0.01\ \mu F$,R 分别为 1 kΩ、10 kΩ、1 MΩ 时的 u_R 电压波形,并记录之,同时标注幅度。

2. 按图 1.11(b)所示组成 RC 电路,观测 $R = 10$ kΩ,C 分别为 6 800 pF、0.01 μF、0.1 μF 时的 u_C 电压波形,并记录之,同时标注幅度。

3. 按图 1.11(b)所示组成 RC 电路,用示波器测量 $R = 10$ kΩ,$C = 0.01\ \mu F$ 时的时间常数 τ。

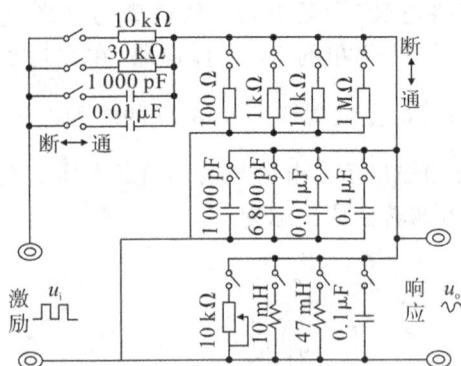

图 1.12　一阶电路实验板

五、实验注意事项

1. 调节电子仪器各旋钮时，动作不要过快、过猛。实验前，调节示波器时，要注意触发开关和电平调节旋钮的配合使用，以使示波器显示的波形稳定。进行测量时，"t/dvi"和"v/dvi"微调旋钮应旋转至"校准"位置。

2. 示波器的辉度不应过亮，尤其是光点长期停留在荧光屏上不动时，应将辉度调暗，以延长示波管的使用寿命。

六、预习思考题

1. 什么样的电信号可作为 RC 一阶电路零输入响应、零状态响应和完全响应的激励源？

2. 已知 RC 一阶电路 $R = 10$ kΩ，$C = 0.1$ μF，试计算时间常数 τ，并根据 τ 值的物理意义，拟定测量 τ 的方案。

3. 何谓积分电路和微分电路？它们必须具备什么条件？它们在方波序列脉冲的激励下，输出信号波形的变化规律如何？这两种电路有何作用？

七、实验报告

1. 根据实验观测结果，在坐标纸上绘出 RC 一阶电路充放电时 u_R、u_C 的变化曲线，讨论时间常数 τ 对暂态过程的影响。

2. 根据实验观测结果，归纳、总结积分电路和微分电路的形成条件，阐明波形变换的特征。

3. 心得体会及其他。

实验七 用三表法测量电路等效参数

一、实验目的

1. 学会用交流电压表、交流电流表和功率表测量元件的交流等效参数的方法。
2. 学会功率表的接法和使用。

二、实验原理

正弦交流信号激励下的元件值或阻抗值，可以用交流电压表、交流电流表及功率表，分别测量出元件两端的电压 U、流过该元件的电流 I 和它所消耗的功率 P，再通过计算得到所求的各值，这种方法称为三表法，是用于测量 50 Hz 交流电路参数的基本方法。

1. 等效参数。无源元件电阻、电感及电容是交流电路中基本的元件。无源元件或无源二端网络两个端钮的电压和电流关系可以用阻抗来表示，计算的基本公式为

$$Z = U/I = |Z| \angle \varphi$$

其中阻抗的模 $|Z| = \dfrac{U}{I}$，阻抗角 $\varphi = \cos^{-1} \dfrac{P}{UI}$，电路的功率因数 $\cos \varphi = \dfrac{P}{UI}$，无源二端网络消耗有功功率 $P = UI \cos \varphi$，等效电阻 $R = \dfrac{P}{I^2} = |Z| \cos \varphi$，等效电抗 $X = |Z| \sin \varphi$ 或 $X = X_L = 2\pi f L$，$X = X_C = \dfrac{1}{2\pi f C}$。

由此可见，只要我们测出被测元件或无源二端网络端口的电压 U 与流过的电流 I 以及功率表所测功率 P，就可以得到无源元件或无源二端网络的等效电阻和等效电抗。如果被测元件是电感，则 $L = |Z| \sin \varphi / \omega$；如果被测元件是电容，则 $C = 1/(\omega |Z| \sin \varphi)$。

2. 无源二端网络性质的判别。对无源二端网络，三表法得出的等效电抗反映不出网络是感性还是容性，因此在被测网络的端口并联一只适当容量的试验电容，即 $C < 2\sin \varphi / (\omega |Z|)$，根据并联电容前后电路中总电流的变化就可判别被测网络的性质。如果无源二端网络的总电流增加，则网络为容性；若总电流减少，则网络为感性。

三、实验设备

实验设备见表1.23。

表 1.23　实验设备

序　号	名　称	型号与规格	数　量	备　注
1	交流电压表	0～500 V	1	
2	交流电流表	0～5 A	1	
3	功率表	D26-W	1	
4	自耦调压器	0～380 V	1	
5	镇流器(电感线圈)	与 30 W 日光灯配用	1	DGJ-04
7	电容器	2.2 μF/500 V,1 μF/500 V	1	DGJ-05
8	白炽灯	15 W/220 V	1	DGJ-04

四、实验内容

1. 测试线路如图 1.13(a)所示。按图 1.13 所示接线,并经指导老师检查后,方可接通市电电源。分别测量 15 W 白炽灯(R)、30 W 日光灯镇流器(L)和 2.2 μF 电容器(C)的等效参数,并将测量数据写入表 1.24 中。

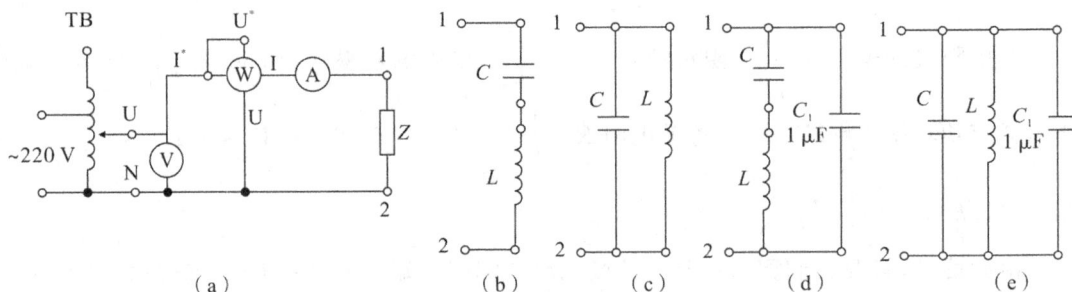

图 1.13　交流电路参数测量接线

2. 测量 L、C 串联与并联后的等效参数,并将测量数据写入表 1.24 中。

表 1.24　数据记录表 1

被测元件	测量值			计算值				
	U/V	I/A	P/W	$\cos\varphi$	R/Ω	X/Ω	L/mH	$C/\mu F$
15 W 白炽灯 R	220							
电感线圈 L	150							
电容器 C(2.2 μF)	150							
L 与 C 串联	110							
L 与 C 并联	150							

3. 网络性质的判别。

实验线路同图 1.13(d)和(e),按表 1.25 内容进行测量和记录,并联前电流可由表 1.24

测量的数据直接写入。

表 1. 25 数据记录表 2

被测元件	并上 1 μF 电容			性质判别
	U/V	并联前电流/A	并联后电流/A	
L 与 $C(2.2\ \mu F)$ 串联	110			
L 与 $C(2.2\ \mu F)$ 并联	150			

五、实验注意事项

1. 本实验直接用市电 220 V 交流电源供电,实验中要特别注意人身安全,不可用手直接触摸通电线路的裸露部分,以免触电。

2. 自耦调压器在接通电源前,应将其手柄置在零位上,调节时,使其输出电压从零开始逐渐升高。每次改接实验线路时,必须先将其旋柄慢慢调回零位,再切断电源,不允许带电操作,必须严格遵守这一安全操作规程。

3. 改变实验线路时,每次要求的电压值不一样,注意一定要将自耦调压器调至零位,按实验要求由零慢慢调至所要求的电压值。

4. 注意功率表的使用方法,电流和电压线圈千万不能接错。同时要选好电流和电压线圈的量程,不能过载。

六、预习思考题

1. 在 50 Hz 的交流电路中,测得一铁芯线圈的 P、I 和 U,如何算得它的阻值及电感量?

2. 为什么在被测网络两端并上电容可以判定被测网络的性质?试用相量图说明。

七、实验报告

1. 根据实验数据,完成各项计算值。
2. 心得体会及其他。

实验八　日光灯电路及功率因数的提高

一、实验目的

1. 学习日光灯电路的连接方法，了解日光灯电路各组成元件的作用和工作原理。
2. 理解提高功率因数的实际意义，掌握用并联电容提高感性负载功率因数的方法。
3. 进一步掌握功率表及其他仪表的正确使用方法。

二、实验原理

（一）日光灯电路的组成及工作原理

日光灯线路如图 1.14 所示。图中 A 是日光灯管，L 是镇流器，S 是启辉器，C 是补偿电容器，用以改善电路的功率因数（$\cos\varphi$ 值）。日光灯电路的工作原理：当电路接通电源后，220 V 交流电压全部加在启辉器两端，启辉器动、静触片之间产生辉光放电，使动、静触片之间加热而接触，从而接通灯丝电路，使灯丝预热；在启辉器动、静触片接触后，触片间电压为零，辉光放电停止，动、静触片因温度下降而复原，使电路断开；动、静触片断开瞬间，电路中的电流突然为零，使镇流器两端产生很高的自感电动势，它与电源电压一起加到灯管两端，使灯丝之间产生弧光放电并射出紫外线，管壁内所涂荧光粉因受紫外线激发而发出可见光，将日光灯点亮。

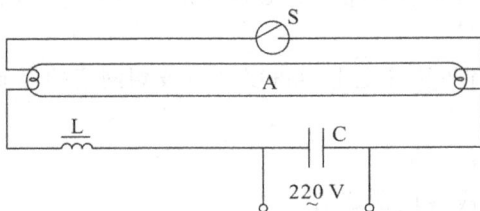

图 1.14　日光灯线路

（二）功率因数补偿

功率因数是重要的节能经济指标，当电源电压 U 一定、负载功率 P 一定时，功率因数低会引起下面两个方面的问题：

1. 发电设备的容量不能充分利用（$P = S\cos\varphi$）。
2. 增加了输电线路和供电设备的功率损耗[$I = P/(U\cos\varphi)$]。

因此，提高功率因数对于减少能量损耗、提高输电效率、提高发电设备的利用率有着很重要的实际意义。功率因数不高，根本原因就是电感性负载的存在。电力系统中，感性负载很多，如电动机、变压器、风扇、空调器、日光灯等，功率因数一般都很低。在不改变负载工作状态的情况下，提高感性负载功率因数的方法是：在感性负载两端并联适当的电容器，用流过电容器中的容性电流补偿原负载中的感性电流，如图 1.15 所示。

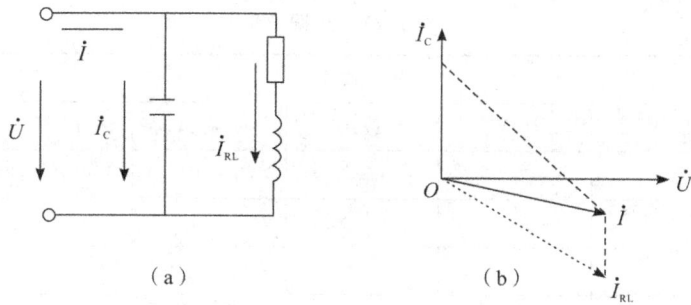

图 1.15　提高电路功率因素的原理图(a)与向量图(b)

三、实验设备

实验设备见表1.26。

表 1.26　实验设备

序　号	名　称	型号与规格	数　量	备　注
1	交流电源	～220 V	1	DGJ-01
2	交流电压表	0～500 V	1	DGJ-02
3	交流电流表	0～5 A	1	DGJ-02
4	功率表	D26-W	1	
5	自耦调压器	0～380 V	1	
6	镇流器、启辉器	与 40 W 灯管配用	各1	DGJ-04
7	日光灯灯管	40 W	1	屏内
8	电容器	1 μF/500 V,2.2 μF/500 V,4.7 μF/500 V	各1	DGJ-04
9	电流插座		3	DGJ-04

四、实验内容

按图 1.16 所示组成日光灯实验线路,经指导老师检查后,接通市电电源,慢慢调节自耦调压器,加入实验所要求的相电压 220 V,日光灯亮后,按表 1.27 的要求测量数据,并将数据写入表中。测量数据时,要一个变量一个变量地测量,即改变电容值,测量功率,功率全部测完后,再改变电容值,测量电流,依次类推。

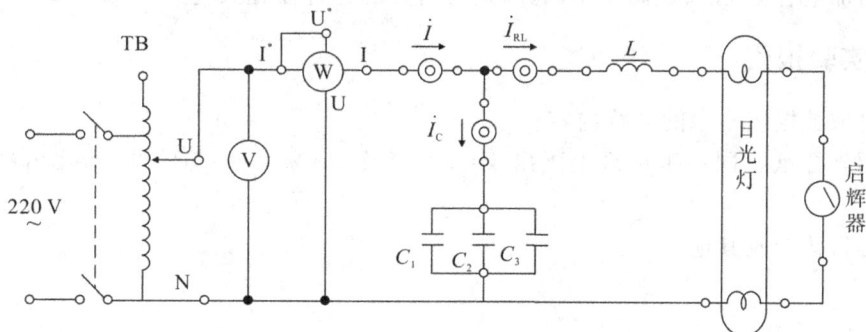

图 1.16　日光灯电路接线

表 1.27　数据记录

电容值/μF	测量数值					计算值
	U/V	P/W	I/A	I_{LR}/A	I_C/A	$\cos \varphi$
0.0						
1.0						
2.2						
3.2						
4.7						
5.7						
6.9						
7.9						

五、实验注意事项

1. 本实验用交流市电 220 V，务必注意用电和人身安全。实验过程中，手及身体千万不要触及实验屏的带电部分、电流插口和插座。插拔电流插头时用力要适当，以免触电或没插到位置而测量不到数据。

2. 接通电源前，应将自耦调压器手柄置于零位上，待指导老师同意后才能慢慢调节到实验要求的电压值。

3. 功率表要正确接入电路。

4. 线路接线正确，接通工作电源后日光灯不能正常点亮，应检查启辉器及其接触是否良好。

六、预习思考题

1. 日光灯点亮后，启辉器还会有作用吗？为什么？

2. 如果在日光灯点亮前启辉器已损坏，此时有何应急措施可以点亮日光灯？

3. 为了改善电路的功率因数，常在感性负载上并联电容器，此时增加了一条电流支路，试问电路的总电流是增大还是减小？此时感性元件上的电流和功率是否改变？

4. 增加电容 C 可以提高功率因数，是否所并的电容器越大越好？为什么？

七、实验报告

1. 完成数据表格中的计算内容。

2. 用坐标纸在同一坐标系上画出 $I = f(C)$ 及 $\cos \varphi = f(C)$ 的曲线，找出最佳并联电容值。

3. 心得体会及其他。

实验九　RLC 串联谐振电路的研究

一、实验目的

1. 学习测定 RLC 串联电路的谐振频率,加深对 RLC 串联电路谐振特点的理解。
2. 学习用实验方法绘制 R、L、C 串联电路的幅频特性曲线。
3. 熟悉晶体管毫伏表的使用方法。
4. 掌握电路品质因数(电路 Q 值)的物理意义及其计算方法。

二、实验原理

1. 在图 1.17 所示的 R、L、C 串联电路中,当正弦交流信号源的频率 f 改变时,电路中的感抗、容抗随之而变,电路中的电流也随 f 而变。取电阻 R 上的电压 u_o 作为响应,当输入电压 u_i 的幅值维持不变时,在不同频率的信号激励下,测出 U_o 之值,然后以 f 为横坐标,以 U_o/R(即为 I 值)为纵坐标,绘出光滑的曲线,此即幅频特性曲线,亦称谐振曲线,如图 1.17(b)所示。

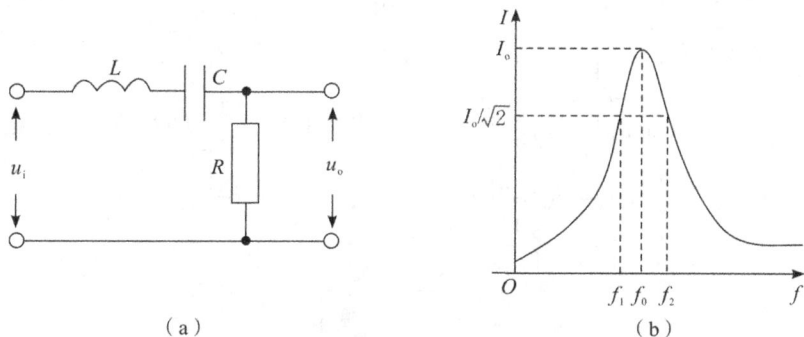

图 1.17　谐振电路及谐振曲线

2. $f = f_0 = \dfrac{1}{2\pi\sqrt{LC}}$ 处,即幅频特性曲线尖峰所在的频率点称为谐振频率,此时 $X_L = X_C$,电路呈纯阻性,电路阻抗的模为最小。在输入电压 U_i 为定值时,电路中的电流达到最大值,且与输入电压 u_i 同相位,从理论上讲,此时 $U_i = U_R = U_o$,$U_L = U_C = QU_i$,式中的 Q 称为电路的品质因数。

3. 电路品质因数 Q 值的测量方法:一是根据公式 $Q = \dfrac{U_L}{U_i} = \dfrac{U_C}{U_i}$ 测定,U_C 与 U_L 分别为谐振时电容器 C 和电感线圈 L 上的电压。二是通过测量谐振曲线的通频带宽度 $\Delta f = f_2 - f_1$,再根据 $Q = \dfrac{f_0}{f_2 - f_1}$ 求出 Q 值,式中,f_0 为谐振频率,f_2 和 f_1 是失谐时,亦即输出电压的幅度下降到最大值的 $I_0/\sqrt{2}$(即 $0.707I_0$)时的上、下频率点。Q 值越大,曲线越尖锐,通频带越窄,电路的选择性越好。当恒压电源供电时,电路的品质因数、选择性与通频带只取决于电路本身的参数,而与信号源无关。

三、实验设备

实验设备见表 1.28。

表 1.28　实验设备

序　号	名　称	型号与规格	数　量	备　注
1	函数信号发生器		1	正弦波
2	交流毫伏表	$0\sim600$ V	1	
3	频率计		1	
4	谐振电路实验电路板	$R=200\ \Omega,1\ \mathrm{k}\Omega$ $C=0.01\ \mu\mathrm{F},0.1\ \mu\mathrm{F}$ $L\approx30\ \mathrm{mH}$		DGJ-03

四、实验内容

按图 1.18 所示组成测量电路,分别取 $R=200\ \Omega$,$R=1\ 000\ \Omega$,调节信号源输出电压为 1 V,并在整个实验过程中保持不变。

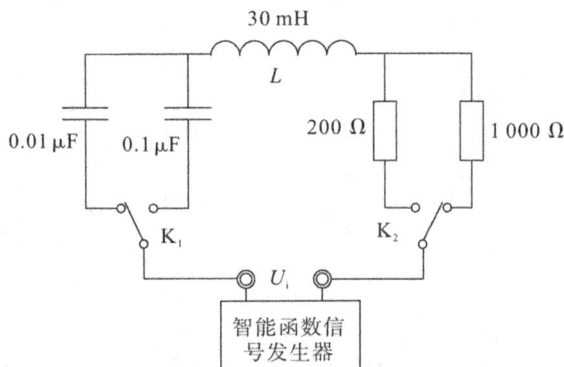

图 1.18　谐振电路测量接线

1. 找出电路的谐振频率 f_0。其方法是:将交流毫伏表接在电阻 R 两端,令信号源的频率由小逐渐变大(注意维持信号源的输出幅度不变),当 U_0 的读数为最大时,读出频率计上的频率值,此即为谐振频率 f_0,并测量出此时的 U_0、U_{C0}、U_{L0}(注意及时更换毫伏表的量程),记录在表 1.29 中。

表 1.29　数据记录表 1

电阻/Ω	测量数据				计算值	
	f_0/kHz	U_0/V	U_{L0}/V	U_{C0}/V	I_0/mA	Q
200						
1 000						

2. 测定电流谐振曲线。在谐振点两侧,应先找出 f_1 和 f_2 相应的 U_o 值,按频率递增或递减,依次保证最少取得 13 个测量点,逐点测出 U_o 值,将数据记入表 1.30 中。

表 1.30　数据记录表 2

$R=200\ \Omega$	测量数据	f/kHz										
		U_o/V										
	计算值	I/mA										
$R=1\ 000\ \Omega$	测量数据	f/kHz										
		U_o/V										
	计算值	I/mA										

五、实验注意事项

1. 测试频率点应在靠近谐振频率附近多取几点,以保证画出来的频率曲线光滑漂亮。

2. 实验过程中始终保持电源输出电压 1 V 不变,在改变频率时尤其要注意。

3. 测量 U_{Co} 和 U_{Lo} 数值前,应将毫伏表的量限改大,而且在测量 U_{Lo} 与 U_{Co} 时毫伏表的"+"端应接 C 与 L 的公共点,其接地端应分别触及 L 和 C 的另外一端。

4. 实验中晶体管毫伏表电源线采用两线插头。

六、预习思考题

1. 根据实验线路板给出的元件参数值,估算电路的谐振频率。

2. 改变电路的哪些参数可以使电路发生谐振? 电路中 R 的数值是否影响谐振频率值?

3. 如何判别电路是否发生谐振? 测试谐振点的方案有哪些?

4. 电路发生串联谐振时,为什么输入电压不能太大? 如果信号源给出 3 V 的电压,电路谐振时,用交流毫伏表测 U_{Lo} 和 U_{Co},应该选择多大的量限?

5. 要提高 R、L、C 串联电路的品质因数,电路参数应如何改变?

6. 本实验在谐振时,对应的 U_{Lo} 与 U_{Co} 是否相等? 如有差异,原因何在?

七、实验报告

1. 根据测量数据,在同一坐标系下绘出不同 Q 值时的 $I\text{-}f$ 谐振曲线。

2. 计算通频带与 Q 值,说明不同 R 值时对电路通频带与品质因数的影响。

3. 谐振时,比较输出电压 U_o 与输入电压 U_i 是否相等,试分析原因。

4. 通过本次实验,总结、归纳串联谐振电路的特性。

实验十 互感电路的测量

一、实验目的

1. 学会互感电路同名端、互感系数以及耦合系数的测定方法。

2. 观察互感现象,理解两个线圈相对位置的改变,以及用不同材料作为线圈芯时对互感的影响。

二、实验原理

(一)耦合电感元件

设两个线圈 N_1 与 N_2,当其中一个线圈通入交变电流时,在本线圈产生交变自磁通及相应的自磁链,并引起自感电压,同时,自磁通的一部分(互磁通)穿过另一线圈,产生相应的互磁链,并引起互感电压,这种现象称为互感现象,这样的两个线圈称为耦合线圈或互感线圈。忽略耦合电感的电阻,仅根据耦合电感的主要物理特征——电磁感应,建立起这两个线圈的电路模型,这两个线圈称为耦合电感元件。

耦合电感元件用 3 个参数表征:自感 L_1、L_2 和互感系数 M。互感系数 M 的大小与两线圈的匝数、几何尺寸、相对位置及媒介有关,而与电流无关。

耦合电感元件正确使用的前提是:必须清楚耦合线圈的对应关系——同名端。同名端的含义是:当两个耦合线圈通入的电流使耦合线圈中产生的磁通方向相同而相互加强时,电流所流入(或流出)的两个端钮称为同名端。

反映两个耦合线圈的耦合松紧程度用耦合系数 K 来表示,$K = M/\sqrt{L_1 L_2}$,说明耦合系数 K 与自感 L_1、L_2 和互感系数 M 有关。一般情况下,$0 \leqslant K \leqslant 1$。当 $K = 0$ 时,L_1 和 L_2 无耦合关系;$K \approx 1$ 时,为紧耦合;$K < 1$ 时,为松耦合;$K = 1$ 时,为全耦合。

(二)判断互感线圈同名端的方法

1. 直流法。如图 1.19 所示,在开关 S 闭合瞬间,若毫安表的指针正偏,则可断定 1、3 为同名端;若指针反偏,则 1、4 为同名端。

2. 交流法。如图 1.20 所示,将两个绕组 N_1 和 N_2 的任意两端(如 2、4 端)连在一起,在其中的一个绕组(如 N_1)两端加一个低电压,另一绕组(如 N_2)开路,用交流电压表分别测出端电压

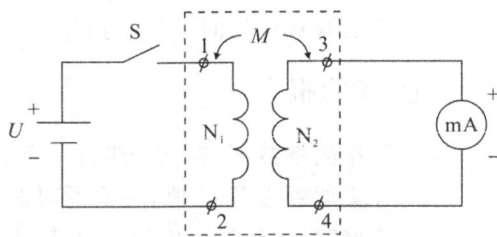

图 1.19 直流法接线

U_{13}、U_{12} 和 U_{34}。若 U_{13} 是两绕组端电压之差,则 1、3 是同名端;若 U_{13} 是两绕组端电压之和,则 1、4 是同名端。

(三)两线圈互感系数 M 的测定

在图 1.19 的 N_1 侧施加低压交流电压 U_1,N_2 侧开路,测出 I_1 及 U_2。

根据互感电势 $E_{2M} \approx U_{20} = \omega MI_1$，可算得互感系数为 $M = U_2 / \omega I_1$。

（四）耦合系数 K 的测定

在图 1.20 的 N_1 侧施加低压交流电压 U_1，测出 N_2 侧开路时 N_1 侧的电流 I_1，计算出 $L_1 = U_1 / \omega I_1$；再在 N_2 侧加电压 U_2，测出 N_1 侧开路时 N_2 侧的电流 I_2，计算出 $L_2 = U_2 / \omega I_2$；最后根据 $K = M / \sqrt{L_1 L_2}$ 得出 K 值。

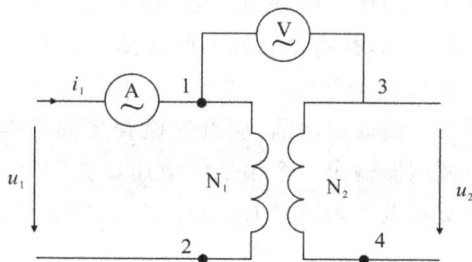

图 1.20 交流法接线

三、实验设备

实验设备见表 1.31。

表 1.31 实验设备

序 号	名 称	型号与规格	数 量	备 注
1	数字直流电压表	$0 \sim 200$ V	1	DGJ-02
2	数字直流电流表	$0 \sim 200$ mA	2	DGJ-02
3	交流电压表	$0 \sim 500$ V	1	DGJ-02
4	交流电流表	$0 \sim 5$ A	1	DGJ-02
5	空心互感线圈	N_1 为大线圈 N_2 为小线圈	1 对	DGJ-04
6	自耦调压器	$0 \sim 380$ V	1	
7	直流可调稳压电源	$0 \sim 30$ V	1	DGJ-01
8	电阻器	$30\ \Omega/2$ W $510\ \Omega/2$ W	各 1	DGJ-05 电阻箱
9	发光二极管	红或绿	1	DGJ-05
10	粗、细铁棒，铝棒		各 1	DGJ-04
11	变压器	36 V/220 V	1	DGJ-04

四、实验内容

（一）分别用直流法和交流法测定互感线圈的同名端

1. 直流法。实验线路如图 1.21 所示，先将 N_1 和 N_2 两线圈的 4 个接线端子编以 1、2 和 3、4 号，再将 N_1、N_2 同心地套在一起，并放入细铁棒。U 为直流可调稳压电源，调至 3 V。流过 N_1 侧的电流不可超过 0.4 A（选用 5 A 量程的数字电流表），N_2 侧直接接入 2 mA 量程的毫安表。将铁棒迅速地拔出和插入，观察毫安表读数正、负的变化来判定 N_1 和 N_2 两个线圈的同名端。

2. 交流法。本方法中，由于加在 N_1 上的电压仅 3 V 左右，直接用屏内调压器很难调节，因此采用图 1.22 所示的线路来扩展调压器的调节范围。图中 W、N 为主屏上的自耦调压器的输出端,B 为 DGJ-04 挂箱中的升压铁芯变压器,此处用于降压。将 N_2、N_1 同心式套在一起,并将铁芯插入两线圈中。2、4 端连线,N_1 串接电流表(选 0~2.5 A 量程的交流电流表),N_2 侧开路。

接通电源前,应首先检查自耦调压器是否调至零位,确认后方可接通交流电源,令自耦调压器输出一个很低的电压(约 3 V),使流过电流表的电流为 1 A,然后用 0~30 V 量程的交流电压表测量 U_{13}、U_{12}、U_{34},判定同名端。

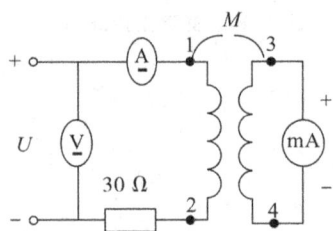

图 1.21　直流法

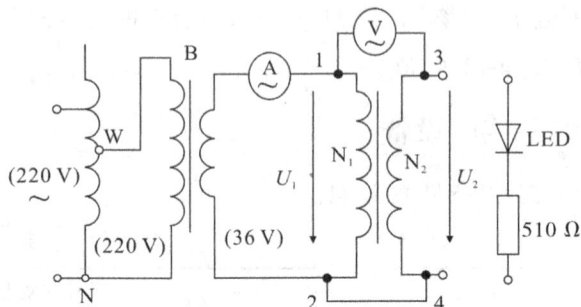

图 1.22　交流法

(二)观察互感现象

将图 1.22 线路中 2、4 端的连线拆除,在 N_2 侧接入发光二极管(light emitting diode, LED)与 510 Ω(电阻箱)串联的支路,并按表 1.32 的要求进行操作,将观察现象记入表 1.32 中。

表 1.32　观察现象记录

所用媒介材料操作情况	LED 变化情况	仪表读数变化情况
铁棒拔出		
铁棒插入		
N_2(带铁棒)拔出		
N_2(带铁棒)插入		
铝棒插入		
铝棒拔出		

(三)互感系数 M 与耦合系数 K 的测定

1. 将 N_2 侧开路,插入铁棒,调 U_1 电压,使流过 N_1 侧的电流为 1 A,按表 1.33 中的内容要求测量数据并记录。

2. 切断电源,将交流电源加在 N_2 侧,N_1 开路,调节自耦调压器使流过 N_2 侧的电流为 0.5 A,按表 1.33 中的内容要求测量数据并记录。

表 1.33　数据记录

项目	测量数据				计算值
	U_1/V	U_2/V	I_1/A	I_2/A	
1					$M=$ $L_1=$
2					$L_2=$ $K=$

五、实验注意事项

1. 整个实验过程中,注意流过线圈 N_1 的电流不得超过 1.4 A,流过线圈 N_2 的电流不得超过 1 A。

2. 测定同名端及其他测量数据的实验中,都应将小线圈 N_2 套在大线圈 N_1 中,并插入铁芯。

3. 做交流实验前,首先要检查自耦调压器,要保证手柄置在零位。因实验时加在 N_1 上的电压只有 2～3 V,因此调节时要特别仔细、小心,要随时观察电流表的读数,不得超过规定值。

4. 实验过程中铁棒由于通电后会发热,拿取时要注意安全,防止烫手。

六、预习思考题

1. 互感系数 M 的大小与两线圈的匝数、几何尺寸、相对位置及媒介无关,而与电流有关,对吗? 为什么?

2. 做交流实验时,若自耦调压器手柄不在零位,接通电源后会引起什么后果?

七、实验报告

1. 总结对互感线圈同名端、互感系数的实验测试方法。
2. 解释实验中观察到的互感现象。
3. 完成数据计算。
4. 心得体会及其他。

实验十一　三相交流电路的研究

一、实验目的

1. 掌握三相负载作星形连接、三角形连接的方法。
2. 加深理解三相负载星形连接、三角形连接时，线、相电压及线、相电流之间的关系。
3. 测量三相不对称负载星形、三角形连接时，线、相电压和电流，分析中线的作用。
4. 了解三相负载出现断相、短路故障时，相、线电压和电流的变化情况。

二、实验原理

1. 三相负载可接成星形(又称"Y"接)或三角形(又称"△"接)。当三相对称负载作 Y 形连接时，线电压 U_1 是相电压 U_p 的 $\sqrt{3}$ 倍，线电流 I_1 等于相电流 I_p，即 $U_1 = \sqrt{3} U_p$，$I_1 = I_p$。在这种情况下，流过中线的电流 $I_0 = 0$，所以可以省去中线。

当对称三相负载作三角形连接时，有 $I_1 = \sqrt{3} I_p$，$U_1 = U_p$。

2. 不对称三相负载作星形连接时，必须采用三相四线制接法，即 Y_0 接法，而且中线必须牢固连接，以保证三相不对称负载的每相电压维持对称不变。倘若中线断开，会导致三相负载电压的不对称，致使负载轻的那一相的相电压过高，使负载遭受损坏；负载重的一相相电压又过低，使负载不能正常工作。尤其对于三相照明负载，无条件地一律采用 Y_0 接法。

3. 当不对称负载作三角形连接时，$I_1 \neq \sqrt{3} I_p$，但只要电源的线电压 U_1 对称，加在三相负载上的电压仍是对称的，对各相负载工作没有影响。

三、实验设备

实验设备见表 1.34。

表 1.34　实验设备

序　号	名　称	型号与规格	数　量	备　注
1	交流电压表	0~500 V	1	DGJ-02
2	交流电流表	0~5 A	1	DGJ-02
3	万用表	VC9808+	1	自备
4	三相自耦调压器		1	
5	三相灯组负载	220 V, 15 W 白炽灯	9	DGJ-04
6	电流插座		3	DGJ-04

四、实验内容

(一)三相负载星形连接(三相四线制供电)

按图 1.23 所示线路组接实验电路,即三相灯组负载经三相自耦调压器接通三相对称电源。将三相调压器的旋柄置于输出为 0 V 的位置(即逆时针旋到底),经指导老师检查合格后,方可开启实验台电源,然后调节调压器的输出,使输出的三相线电压为 220 V,并按表 1.35 的内容完成各项实验(表中 Y_0 指三相四线制接法,Y 指三相三线制接法),即分别测量三相负载的线电压、相电压、线电流、相电流、中线电流、电源与负载中点间的电压,将所测得的数据记入表 1.35 中,并观察各相灯组亮暗的变化程度,特别要注意观察中线的作用。

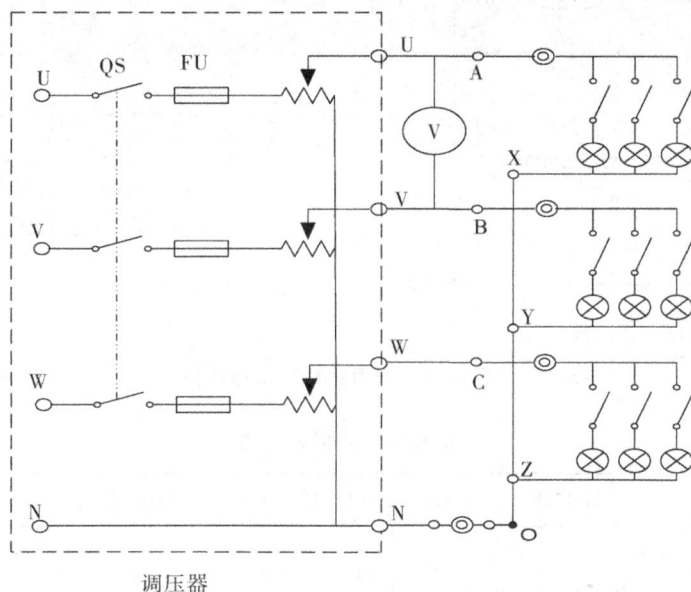

调压器

图 1.23　三相负载星形连接

表 1.35　数据记录表 1

测量数据 实验内容 (负载情况)	开灯盏数			线电流/A			线电压/V			相电压/V			中线 电流 I_0/A	中点 电压 U_{NZ}/V
	A 相	B 相	C 相	I_A	I_B	I_C	U_{AB}	U_{BC}	U_{CA}	U_{AZ}	U_{BZ}	U_{CZ}		
Y_0 接对称负载	3	3	3											
Y_0 接不对称负载	1	2	3											
Y_0 接 A 相断路	×	2	3											
Y 接对称负载	3	3	3											
Y 接不对称负载	1	2	3											
Y 接 A 相短路	×	1	1											

（二）负载三角形连接（三相三线制供电）

按图1.24改接线路，经指导老师检查合格后接通三相电源，并调节调压器，使其输出线电压为220 V，并按表1.36的内容进行测试。

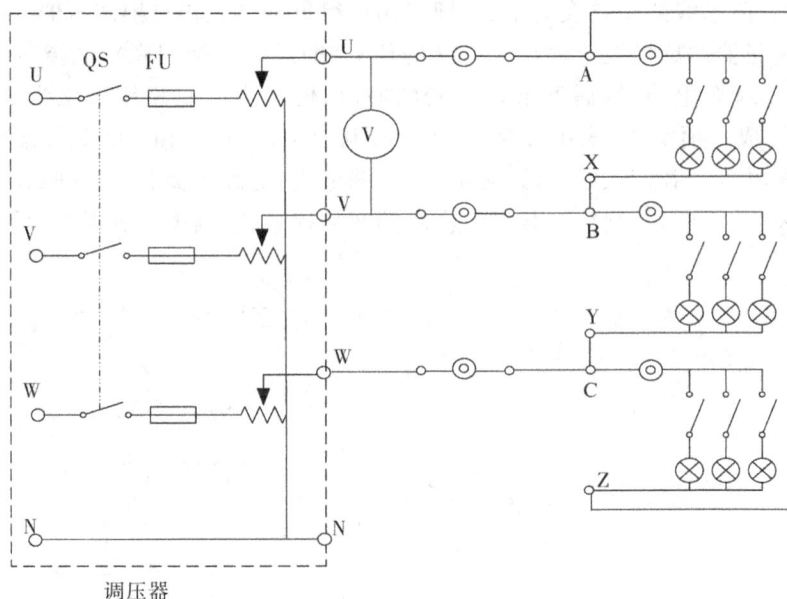

图1.24　三相负载三角形接法

表1.36　数据记录表2

测量数据 负载情况	开灯盏数			线电压＝相电压/V			线电流/A			相电流/A		
	A-B相	B-C相	C-A相	U_{AB}	U_{BC}	U_{CA}	I_A	I_B	I_C	I_{AB}	I_{BC}	I_{CA}
△三相平衡	3	3	3									
△三相不平衡	1	2	3									
△AB相断相	×	1	1									

五、实验注意事项

1. 本实验采用三相交流市电，线电压为220 V，实验时要注意人身安全，不可触及导电部件，防止意外事故发生。

2. 每次接线完毕，同组同学应自查一遍，然后由指导老师检查后方可接通电源，必须严格遵守先断电、再接线、后通电，先断电、后拆线的实验操作原则。

3. 星形负载做短路实验时，必须首先断开中线，以免发生短路事故。

4. 每次实验完毕，要将三相调压器手柄调至零位。

5. 测量数据时，要注意仪表量程，以免损坏仪表。

六、预习思考题

1. 本次实验中为什么要通过三相调压器将 380 V 的市电线电压降为 220 V 的线电压?

2. 负载不对称,Y 连接,有中线时,各组灯泡亮度是否一样? 无中线时,各组灯泡亮度是否一样? 为什么?

3. 设置故障实验时,Y 连接中的断路、短路如何操作? △连接,断路如何操作?

七、实验报告

1. 用实验测得的数据验证对称三相电路中的$\sqrt{3}$关系。

2. 完成预习思考题。

3. 不对称三角形连接的负载,能否正常工作? 实验是否能证明这一点?

4. 心得体会及其他。

实验十二　三相电路功率的测量

一、实验目的

1. 学习三相电路有功功率的测量方法。
2. 学习三相电路无功功率的测量方法。
3. 进一步熟练掌握功率表的正确选择和使用方法。

二、实验原理

1. 在三相电路中,无论是星形连接还是三角形连接,总的有功功率等于各相有功功率之和,即 $P=P_A+P_B+P_C$;无功功率等于各相无功功率之和,即 $Q=Q_A+Q_B+Q_C$。

当三相负载对称时,有功功率 $P=3P_p=3U_pI_p\cos\varphi=\sqrt{3}U_lI_l\cos\varphi$,无功功率 $Q=3Q_p$ $=3U_pI_p\sin\varphi=\sqrt{3}U_lI_l\sin\varphi$,式中,$\varphi$ 是指相电压和相电流之间的夹角。

2. 有功功率的测量。

(1)三表法。因为三相功率 $P=P_A+P_B+P_C$,所以对于三相四线制供电的电路,无论负载是否对称,均可以用 3 只功率表分别测量出各相负载的有功功率,3 只功率表的读数相加即为三相电路有功功率,此法称为三表法。其测量线路如图 1.25 所示。

当三相负载完全对称时,可用一只功率表测量出其中一相有功功率,再乘以 3 即得三相总的有功功率,即 $P=3P_A=3P_B=3P_C$。

(2)二表法。

对于三相三线制星形或三角形连接,无论负载是否对称,均可用两只功率表测量有功功率,有功功率等于两只功率表测得的功率表读数的代数和,此法称为二表法。其测量线路如图 1.26 所示。测量中应注意了解以下几点:

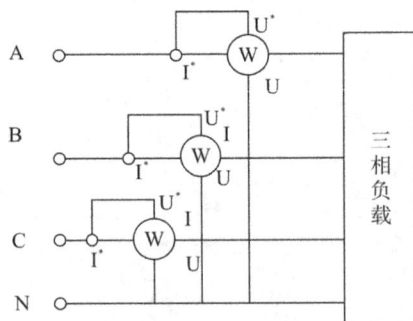

图 1.25　三表法测量有功功率　　　　图 1.26　二表法测量有功功率

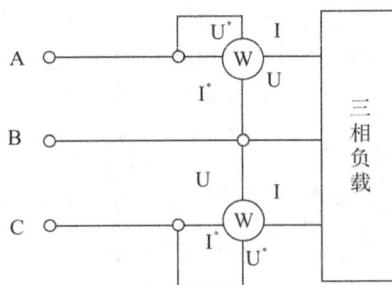

①二表法适于三相三线制电路,即星形连接和三角形连接。

②二表法也适用于完全对称的三相四线制电路,因为中线电流为零。

③图1.26所示二表法测量有功功率的线路图以B相为公共相,也可以以A相或C相为公共相,只要两个功率表的电压线圈同名端与电流的同名端连接在一起,非同名端接到公共相,电流线圈分别串入其他两相的相线中即可。

3. 三相对称电路无功功率的测量。

(1)一表法。功率表跨相90°连接测量三相对称无功功率,因为三相对称无功功率 $Q = 3Q_p = 3U_p I_p \sin\varphi = \sqrt{3} U_1 I_1 \sin\varphi$,由此得出如图1.27所示的测量线路图。取线电压 $U_{AB} = U_{AB}\angle 0°$ 为参考相量,则 $U_A = U_A\angle -30°$,$I_A = I_A\angle(-30°-\varphi)$,$U_{BC} = U_{BC}\angle -120°$,则BC相与A相的有功功率 $P = U_{BC} I_A \cos[-120° - (-30°-\varphi)] = U_1 I_1 \cos(90°-\varphi) = U_1 I_1 \sin\varphi$。因此,功率表测出的有功功率的读数乘以 $\sqrt{3}$ 即为无功功率,$Q = \sqrt{3} P$。

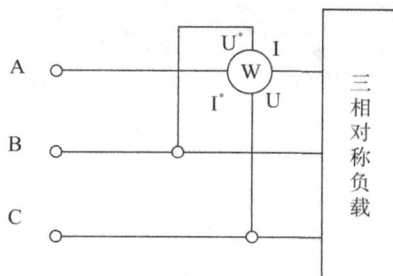

图 1.27 一表法无功功率测量

(2)二表法。用二表法测量无功功率的接线图如图1.26所示,即与测有功功率的二表法接线相同。用二表法测量出来的读数之差乘以 $\sqrt{3}$ 即为无功功率,公式:$Q = \sqrt{3}(P_1 - P_2)$。

三、实验设备

实验设备见表1.37。

表 1.37 实验设备

序 号	名 称	型号与规格	数 量	备 注
1	交流电压表	0~500 V	2	DGJ-02
2	交流电流表	0~5 A	2	DGJ-02
3	单相功率表	D26-W	2	
5	三相自耦调压器	0~380 V	1	
6	三相灯组负载	220 V,15 W白炽灯	9	DGJ-04
7	三相电容负载	1 μF,2.2 μF,4.7 μF/500 V	各3	DGJ-05

四、实验内容

本实验使用线电压 220 V。

1. 三相负载星形连接有功功率和无功功率的测量。

(1)有功功率的测量。

①用三表法测量 Y_0 连接,对称和不对称负载的有功功率(三相四线制)。测量线路如图 1.28 所示,将测量数据记录在表 1.38 中。

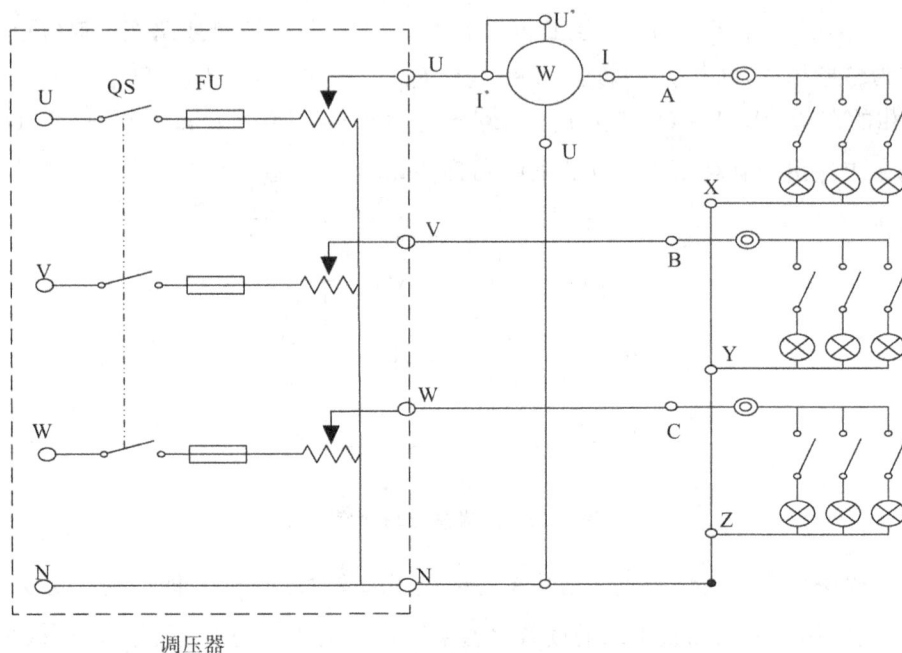

图 1.28 三表法测量有功功率

②用二表法测量 Y 连接,对称和不对称负载的有功功率(三相三线制)。测量线路如图 1.29 所示,将测量数据记录在表 1.38 中。

表 1.38 数据记录表 1

功率表连接方式	负载情况	开灯盏数			测量结果			计算结果
		A 相	B 相	C 相	P_1	P_2	P_3	
三表法	Y_0	3	3	3				
	Y_0	1	2	3				
二表法	Y	3	3	3			✕	
	Y	1	2	3			✕	

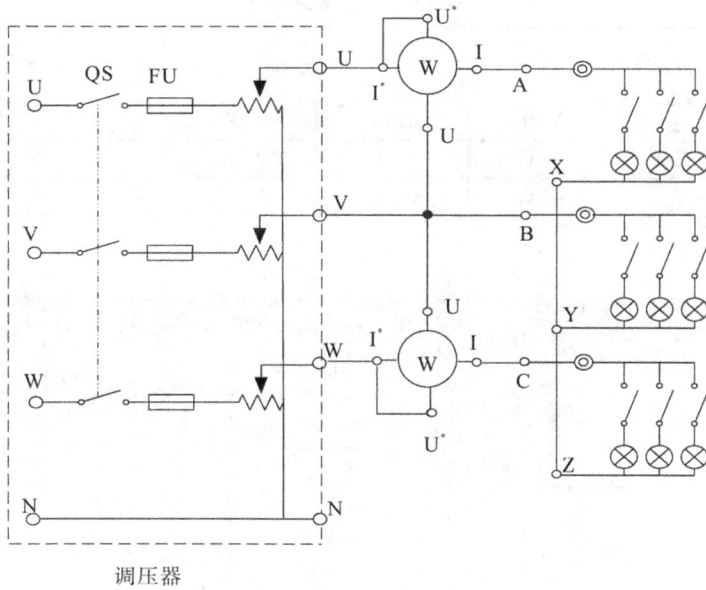

图 1.29 二表法测量有功功率

(2)无功功率测量。

①用一表法测量负载 Y 连接且对称的无功功率。测量线路如图 1.30 所示,每项负载由 3 盏白炽灯和 4.7 μF 电容并联组成,将测量数据记录在表 1.39 中。

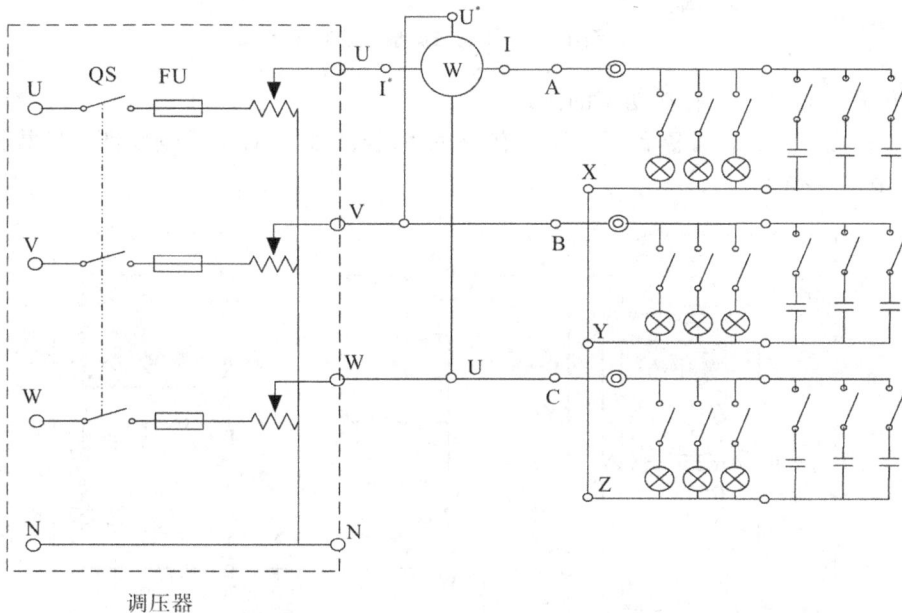

图 1.30 一表法测量无功功率

②用二表法测量负载 Y 连接且对称的无功功率。在不改变负载的情况下,功率表改接成二表法的接法,如图 1.31 所示,将测量数据记录在表 1.39 中。

表 1.39　数据记录表 2

功率表连接方式	负载情况	开灯盏数＋4.7 μF 电容			测量结果		计算结果
		A 相	B 相	C 相	P_1	P_2	Q
一表法	Y	3＋C	3＋C	3＋C		×	
二表法	Y	3＋C	3＋C	3＋C			

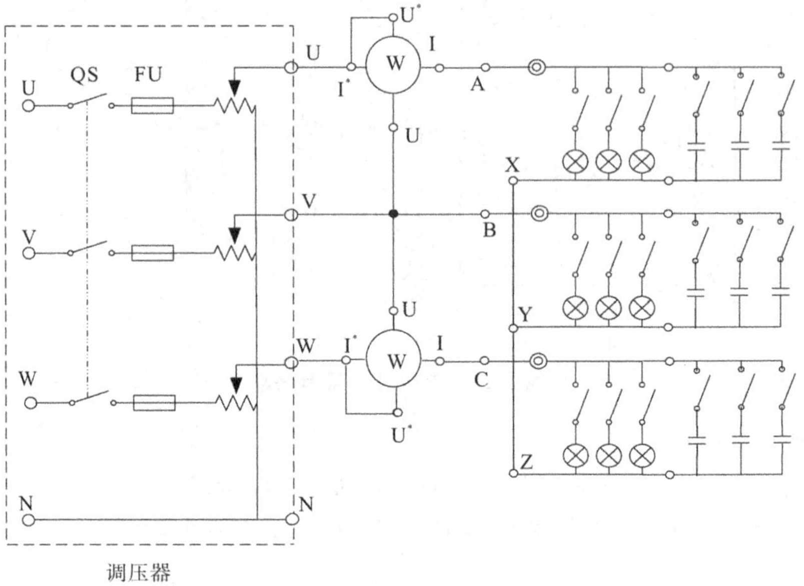

图 1.31　二表法测量无功功率

2. 三相负载三角形连接有功功率的测量。

用二表法测量负载对称和不对称的有功功率,线路如图 1.32 所示,将测量数据记录在表 1.40 中。

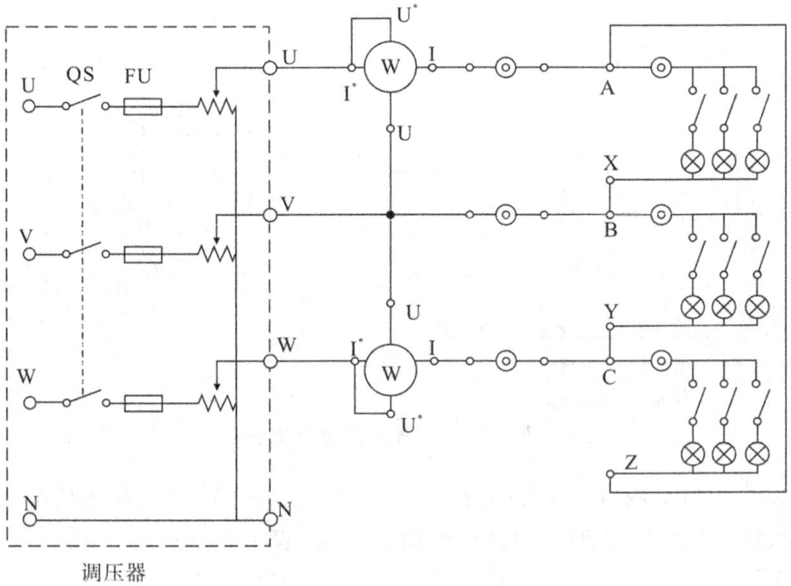

图 1.32　用二表法测三角形接法有功功率

表 1.40　数据记录表 3

功率表连接方式	负载情况	开灯盏数			测量结果		计算结果
		A-B 相	B-C 相	C-A 相	P_1	P_2	P
二表法	△	3	3	3			
	△	1	2	3			

注意:因为实验中只用一只功率表,因此在用三表法、二表法和一表法测量功率时,不是将功率表固定接在线路中,而是采用外接功率表,通过移动电流插头来测量功率。功率表的具体接法如图 1.33 所示。

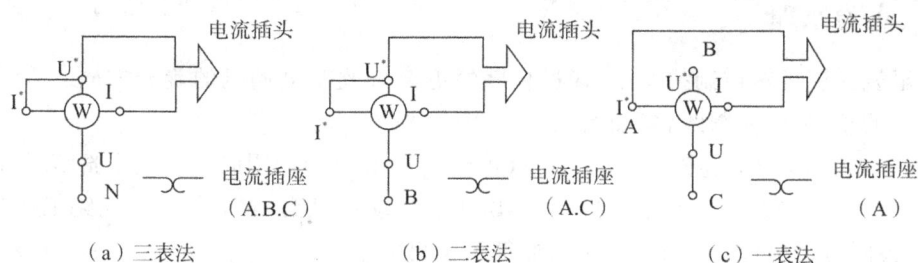

图 1.33　外接功率表线路

五、实验注意事项

1. 注意功率表量程的选择,包括电流量程、电压量程和表的功率因数。

2. 连接功率表时,要特别注意电压线圈和电流线圈极性端的连接。电压线圈和电流线圈的同名端只有一条外线,不要再有外线,以免发生事故。

3. 特别要注意测无功功率用一表法时,电压线圈的两个接线端口要分别接至某两相,不能与电流线圈短接,否则将烧坏仪表。

4. 每次实验完毕,均需将三相调压器旋柄调回零位。每次改变接线,均需断开三相电源,以确保人身安全。

六、预习思考题

1. 星形不对称负载有中线时,是否能用二表法测量三相有功功率?

2. 测量功率时,为什么在线路中通常都接有电流表和电压表?

七、实验报告

1. 完成数据表格中的各项测量和计算任务。

2. 总结三表法、二表法、一表法都适于测何种负载形式连接的功率。

3. 心得体会及其他。

实验十三　三相鼠笼式异步电动机正反转控制

一、实验目的

1. 通过对三相鼠笼式异步电动机正反转控制线路的安装接线,掌握由电气原理图接成实际操作电路的方法。

2. 加深对电气控制系统各种保护、自锁、互锁等环节的理解。

3. 学会分析、排除继电接触控制线路故障的方法。

二、实验原理

在鼠笼式正反转控制线路中,通过相序的更换来改变电动机的旋转方向。本实验给出两种不同的正、反转控制线路,如图 1.34 和图 1.35 所示。

1. 电气互锁:为了避免接触器 KM1(正转)、KM2(反转)同时得电吸合造成三相电源短路,在 KM1(KM2)线圈支路中串接有 KM2(KM1)动断触头,它们保证了线路工作时 KM1、KM2 不会同时得电(图 1.34),以达到电气互锁目的。

2. 电气和机械双重互锁:除电气互锁外,可再采用复合按钮 SB1 与 SB2 组成的机械互锁环节(图 1.35),以求线路工作更加可靠。

3. 线路具有短路,过载,失、欠压保护等功能。

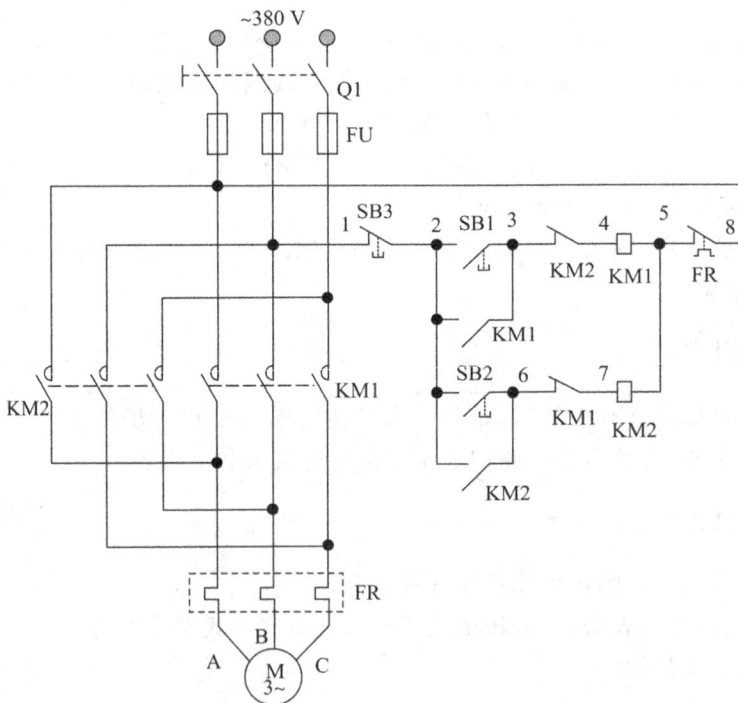

图 1.34　电气互锁接线

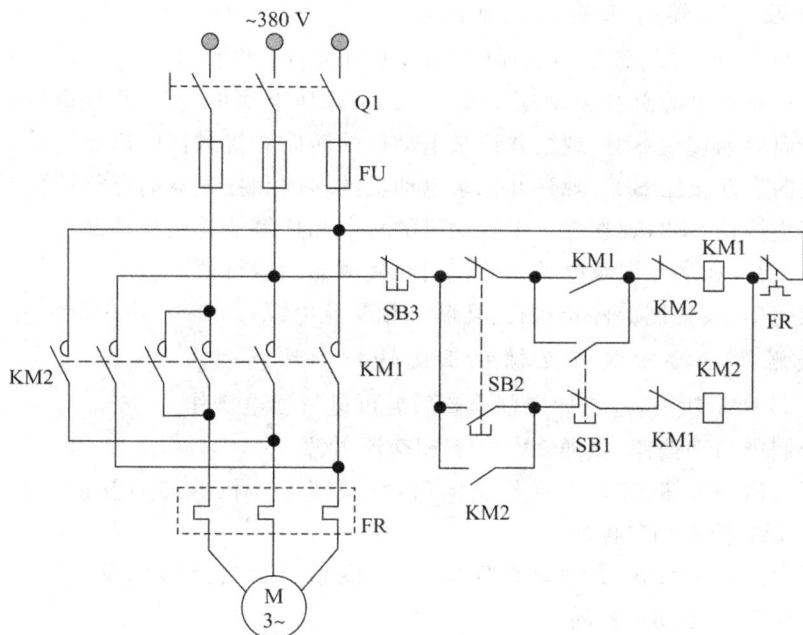

图 1.35　电气和机械双重互锁

三、实验设备

实验设备见表1.41。

表 1.41　实验设备

序　号	名　称	型号与规格	数　量	备　注
1	三相交流电源	380 V		
2	三相鼠笼式异步电动机	DJ26	1	三角形接法
3	交流接触器	JZC4-40	2	D61-2
4	按钮		3	D61-2
5	热继电器	D9305d	1	D61-2
6	交流电压表	0～500 V	1	DGJ-02
7	万用表	VC9808＋	1	自备

四、实验内容

　　认识各电器的结构、图形符号、接线方法,抄录电动机及各电器铭牌数据,并用万用表欧姆挡检查各电器线圈、触头是否完好。

　　鼠笼机接成 Y 接法,实验线路电源端接三相自耦调压器输出端 U、V、W,供电线电压为 380 V。

（一）接触器互锁的正反转控制线路

按图 1.34 所示接线，经指导老师检查后，方可进行通电操作。

1. 开启控制屏电源总开关，按启动按钮，调节调压器输出，使输出线电压为 380 V。

2. 按正向启动按钮 SB1，观察并记录电动机的转向和接触器的运行情况。

3. 按反向启动按钮 SB2，观察并记录电动机的转向和接触器的运行情况。

4. 按停止按钮 SB3，观察并记录电动机的转向和接触器的运行情况。

5. 再按 SB2，观察并记录电动机的转向和接触器的运行情况。

6. 实验完毕，按控制屏停止按钮，切断三相交流电源。

（二）接触器和按钮双重互锁的正反转控制线路

按图 1.35 所示接线，经指导老师检查后方可进行通电操作。

1. 按控制屏启动按钮，接通 380 V 三相交流电源。

2. 按正向启动按钮 SB1，电动机正向启动，观察电动机的转向及接触器的动作情况。按停止按钮 SB3，使电动机停转。

3. 按反向启动按钮 SB2，电动机反向启动，观察电动机的转向及接触器的动作情况。按停止按钮 SB3，使电动机停转。

4. 按正向（或反向）启动按钮，电动机启动后，再去按反向（或正向）启动按钮，观察有何情况发生。

5. 电动机停稳后，同时按正、反两只启动按钮，观察有何情况发生。

6. 失压与欠压保护：

（1）按启动按钮 SB1（或 SB2）电动机启动后，按控制屏停止按钮，断开实验线路三相电源，模拟电动机失压（或零压）状态，观察电动机的转向与接触器的动作情况，随后，再按控制屏上启动按钮，接通三相电源，但不按 SB1（或 SB2），观察电动机能否自行启动？

（2）重新启动电动机后，逐渐减小三相自耦调压器的输出电压，直至接触器释放，观察电动机是否自行停转。

（三）故障分析

1. 接通电源后，按启动按钮（SB1 或 SB2），接触器吸合，但电动机不转且发出"嗡嗡"声响；或者虽能启动，但转速很慢。这种故障大多是主回路一相断线或电源缺相。

2. 接通电源后，按启动按钮（SB1 或 SB2），若接触器通断频繁，且发出连续的噼啪声或吸合不牢，发出颤动声。此类故障原因可能是：线路接错，将接触器线圈与自身的动断触头串在一条回路上了；自锁触头接触不良，时通时断；接触器铁芯上的短路环脱落或断裂；电源电压过低或与接触器线圈电压等级不匹配。

五、实验注意事项

1. 千万注意安全，未经老师允许不能通电。每次要改线路，一定要停电操作，不能带电。同组同学要互相照应，要开机通电时，一定要通知同组同学。

2. 只有在断电的情况下才能检查线路，否则不允许。

3. 注意实验面板上的主控电路与辅助电路的插孔不能接错，否则将会烧坏实验元器件或电动机。

六、预习思考题

1. 在电动机正、反转控制线路中,为什么必须保证两个接触器不能同时工作? 采用哪些措施可解决此问题?

2. 在控制线路中,短路、过载、失压保护等功能是如何实现的? 在实际运行过程中,这几种保护有何意义?

七、实验报告

1. 叙述电动机运转过程,并将控制电路中起到自锁、互锁部分加以说明。

2. 完成预习思考题。

实验十四 三相鼠笼式异步电动机 Y-△降压启动控制

一、实验目的

1. 通过对三相鼠笼式异步电动机 Y-△控制线路的安装接线,进一步掌握由电气原理图接成实际操作电路的方法,进一步提高按图接线的能力。

2. 了解时间继电器结构、使用方法、延时时间的调整及在控制系统中的应用。

3. 熟悉异步电动机 Y-△降压启动控制的运行情况和操作方法。

二、实验原理

1. 按时间原则控制电路的特点是各个动作之间有一定的时间间隔,使用的元件主要是时间继电器。时间继电器是一种延时动作的继电器,它从接收信号(如线圈带电)到执行动作(如触点动作)具有一定的时间间隔,此时间间隔可按需要预先整定,以协调和控制生产机械的各种动作。时间继电器的种类通常有电磁式、电动式、空气式、电子式等。其按基本功能分,有通电延时式和断电延时式两类,有的还带有瞬时动作式的触头。时间继电器的延时时间通常可在 $0.4 \sim 80.0$ s 范围内调节。

2. 按时间原则控制鼠笼式电动机 Y-△降压自动换接启动的控制线路如图 1.36 所示。

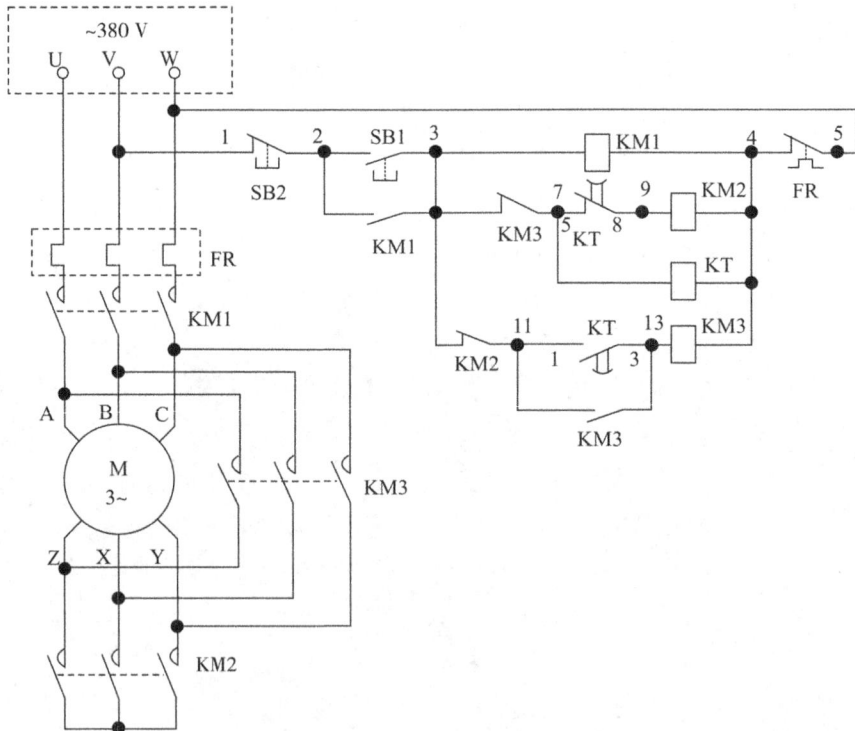

图 1.36 时间继电器控制 Y-△自动降压启动线路

从主回路看，当接触器 KM1、KM2 主触头闭合，KM3 主触头断开时，电动机三相定子绕组作 Y 接；而当接触器 KM1 和 KM3 主触头闭合，KM2 主触头断开时，电动机三相定子绕组作△接。因此，所设计的控制线路若能先使 KM1 和 KM2 得电闭合，后经一定时间的延时，使 KM2 失电断开，而后使 KM3 得电闭合，则电动机就能实现降压启动后自动转换到正常工作运转。图 1.36 所示的控制线路能满足上述要求。该线路具有以下特点：

(1)接触器 KM3 与 KM2 通过动断触头 KM3 与 KM2 实现电气互锁，保证 KM3 与 KM2 不会同时得电，以防止三相电源的短路事故发生。

(2)依靠时间继电器 KT 延时动合触头的延时闭合作用，保证在按下 SB1 后，使 KM2 先得电，并依靠 KT 动断触头先断、KT 动合触头后合的动作次序，保证 KM2 先断，而后再自动接通 KM3，也避免了换接时电源可能发生的短路事故。

(3)本线路正常运行(△接)时，接触器 KM2 及时间继电器 KT 均处断电状态。

(4)由于实验装置提供的三相鼠笼式电动机每相绕组额定电压为 380 V，而 Y/△换接启动的使用条件是正常运行时电机必须作 Y 接，故实验时应将自耦调压器输出端(U、V、W)线电压调至 380 V。

三、实验设备

实验设备见表 1.42。

表 1.42　实验设备

序　号	名　称	型号与规格	数　量	备　注
1	三相交流电源	380 V	1	
2	三相鼠笼式异步电动机	DJ26	1	
3	交流接触器	JZC4-40	3	D61-2
4	时间继电器	ST3PA-B	1	D61-2
5	按钮		2	D61-2
6	热继电器	D9305d	1	D61-2
7	万用表	VC9808＋	1	自备
8	切换开关	三刀双掷	1	D62-2

四、实验内容

(一)时间继电器控制 Y-△自动降压启动线路

摇开 D61-2 挂箱的面板，观察空气阻尼式时间继电器的结构，认清其电磁线圈和延时动合、动断触头的接线端子。用手推动时间继电器衔铁模拟继电器通电吸合动作，用万用表欧姆挡测量触头的通与断，以此来大致判定触头延时动作的时间。通过调节进气孔螺钉，即可整定所需的延时时间。

实验线路电源端接自耦调压器输出端(U、V、W)，供电线电压为 380 V。

1. 按图 1.36 所示线路进行接线，先接控制回路后接主回路，要求按图示的节点编号从左到右、从上到下逐行连接。

2. 在不通电的情况下,用万用表欧姆挡检查线路连接是否正确,特别注意 KM2 与 KM3 两个互锁触头是否正确接入。经指导老师检查后方可通电。

3. 开启控制屏电源总开关,按控制屏启动按钮,接通 380 V 三相交流电源。

4. 按启动按钮 SB1,观察电动机的整个启动过程及各继电器的动作情况,记录 Y-△换接所需时间。

5. 按停止按钮 SB2,观察电动机的转向及各继电器的动作情况。

6. 调整时间继电器的整定时间,观察接触器 KM2、KM3 的动作时间是否相应改变。

7. 实验完毕,按控制屏停止按钮,切断实验线路电源。

(二)接触器控制 Y-△降压启动线路

按图 1.37 所示线路接线,经指导老师检查后方可进行通电操作。

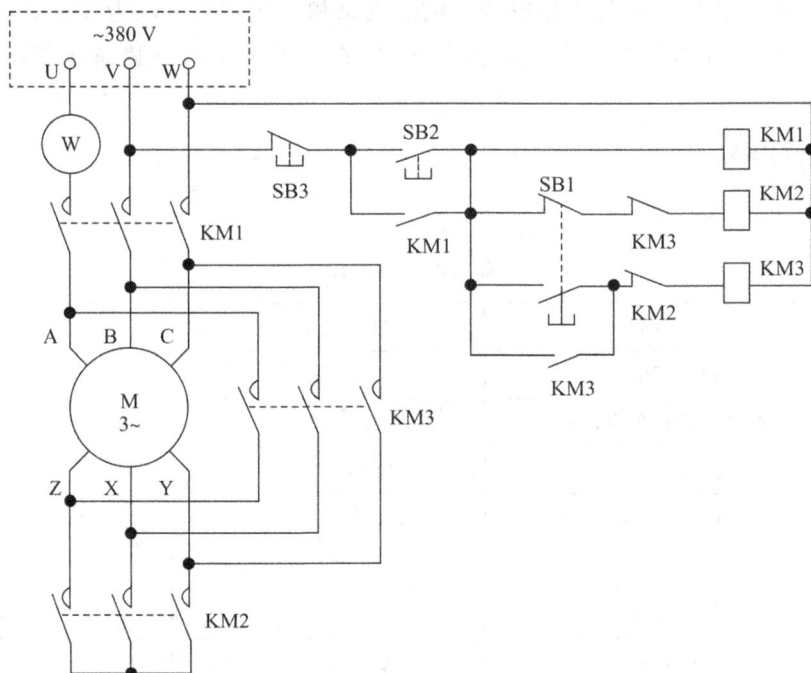

图 1.37　接触器控制 Y-△降压启动线路

1. 按控制屏启动按钮,接通 380 V 三相交流电源。

2. 按下按钮 SB2,电动机作 Y 接启动,稍后,待电动机转速接近正常转速时,按下按钮 SB1,使电动机为△接正常运行。

3. 按停止按钮 SB3,电动机断电停止运行。

4. 实验完毕,将三相自耦调压器调回零位,按控制屏停止按钮,切断实验线路电源。

五、实验注意事项

1. 千万注意安全,未经老师允许不能通电。每次要改线路,一定要停电操作,不能带电。同组同学要互相照应,要开机通电时,一定要通知同组同学。

2. 只有在断电的情况下才能检查线路,否则不允许。

3. 注意实验面板上的主控电路与辅助电路的插孔不能接错,否则将会烧坏实验元器件或电动机。

六、预习思考题

1. 接触器 KM3 与 KM2 的动断触头在控制电路中起着什么作用? 以防止三相电源什么事故发生?

2. 交流接触器线圈的额定电压为 220 V,若误接到 380 V 电源上会产生什么后果? 反之,若接触器线圈电压为 380 V,而电源电压为 220 V,其结果又如何?

七、实验报告

1. 叙述电动机 Y-△启动运转过程,并将控制电路中起到自锁、互锁部分加以说明。

2. 完成预习思考题。

3. 叙述电路中时间继电器的作用。

实验十五　三相异步电动机顺序控制电路

一、实验目的

1. 通过设计各种不同顺序控制的电路,加深对一些特殊要求机床控制线路的了解。

2. 用学过的理论知识进一步提高学生综合设计能力,使理论知识和实际动手有效结合。

二、实验原理

在生产实际中,在多台电动机拖动的设备上,常需要电动机按先后顺序工作,停止时也会要求不是同时停止等多种形式,这种运行停止模式可称为顺序控制电路,如图 1.38 所示。

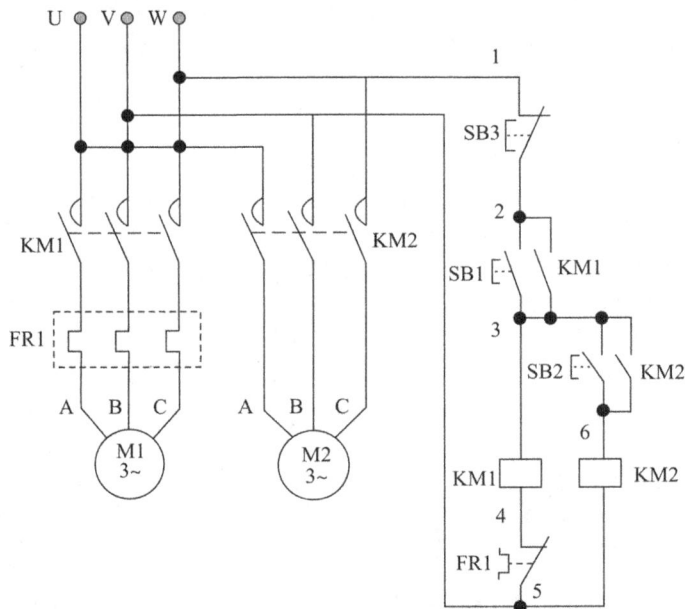

图 1.38　电动机顺序启动控制电路

从主回路看,当接触器 KM1 主触头闭合时,电动机 M1 通电运行;而当接触器 KM2 主触头闭合时,电动机 M2 通电运行。

控制电路中,当 SB1 接通时,KM1 线圈得电,KM1 主触点闭合,常开辅助触点闭合,电动机 M1 运行;当 SB2 接通时,KM2 线圈得电,KM2 主触点闭合,常开辅助触点闭合,电动机 M2 运行。该线路具有以下特点:

1. 接触器 KM1 动合触头与 SB1 并联,起自锁作用;与 SB2 串联,同时保证只有当 KM1 得电后,KM2 才能得电,起到顺序控制的目的。

2. 接触器 KM2 动合触头与 SB2 并联,起自锁作用,使 KM2 能持续通电;当需要停止时,按下 SB3 即可。

三、实验设备

实验设备见表 1.43。

表 1.43　实验设备

序　号	名　　称	型　号	数　量	备　注
1	三相鼠笼异步电动机(△/380 V)	DJ24	2	
2	继电接触控制挂箱(一)	D61-2	2	
3	继电接触控制挂箱(二)	D62-2	2	
4	灯组负载	DGJ-04	1	星形连接

四、实验内容

按图 1.38 所示线路接线,经指导老师检查后方可进行通电操作。

1. 将调压器手柄逆时针旋转到底,启动实验台电源,调节调压器使输出线电压为 380 V。

2. 按下 SB1,观察电动机运行情况及接触器吸合情况。

3. 保持 M1 运转时按下 SB2,观察电动机运转及接触器吸合情况。

4. 按下 SB3 使电动机停转。

五、实验注意事项

1. 千万注意安全,未经老师允许不能通电。每次要改线路,一定要停电操作,不能带电。同组同学要互相照应,要开机通电时,一定要通知同组同学。

2. 只有在断电的情况下才能检查线路,否则不允许。

3. 注意实验面板上的主控电路与辅助电路的插孔不能接错,否则将会烧坏实验元器件或电动机。

六、预习思考题

1. 接触器 KM1 与 KM2 的动合触头在控制电路中起着什么作用?

2. 在 M1 和 M2 都运转时,能不能单独停止 M2?

3. 按 SB3 使电动机停转后,按 SB2,电机 M2 是否启动?为什么?

七、实验报告

1. 叙述电动机顺序控制电路运转过程,并将控制电路中起到顺序控制的部分加以说明。

2. 完成预习思考题。

第二章　综合设计性实验

实验十六　直流电路基本原理的综合实验

一、实验目的

学生通过独立完成综合实验中的直流电路部分的基础实验,加深理解电路中电位的相对性、电压的绝对性、基尔霍夫定律、叠加原理、戴维南定理的正确性,掌握直流电工仪表和实验装置的使用方法。

二、实验原理

(一)基尔霍夫定律

测量某电路的各支路电流及每个元件两端的电压,应能分别满足基尔霍夫电流定律(KCL)和电压定律(KVL),即对电路中的任何一个节点而言,应有$\sum I=0$;对任何一个闭合回路而言,应有$\sum U=0$。

运用上述定律时必须注意各支路或闭合回路中电流的正方向,此方向可预先任意设定。

(二)叠加原理

在有多个独立源共同作用下的线性电路中,通过每一个元件的电流或其两端的电压,可以看成由每一个独立源单独作用时在该元件上所产生的电流或电压的代数和。

线性电路的齐次性是指当激励信号(某独立源的值)增加K倍或减少到原来的$1/K$时,电路的响应(即在电路中各电阻元件上所建立的电流和电压值)也将增加K倍或减少到原来的$1/K$。

(三)戴维南定理

任何一个线性有源网络,总可以用一个电压源与一个电阻的串联来等效代替,此电压源的电动势U_s等于这个有源二端网络的开路电压U_{oc},其等效内阻R_0等于该网络中所有独立源均置零(理想电压源视为短接,理想电流源视为开路)时的等效电阻。

三、实验设备

实验设备见表1.44。

表 1.44　实验设备

序　号	名　　称	型号与规格	数　量	备　注
1	直流可调稳压电源	0～30 V	1	DGJ-01
2	直流可调恒流电源	0～500 mA	1	DGJ-01
3	直流数字电压表	0～200 V	1	DGJ-02
4	直流数字毫安表	0～200 mA	1	DGJ-02
5	万用表	VC9808＋	1	自备
6	可调电阻箱	0～99 999.9 Ω	1	DGJ-05
7	电位器	1 kΩ/2 W	1	DGJ-05
8	戴维南定理实验电路板		1	DGJ-03

四、实验内容

根据 DGJ-2 型电工技术实验装置提供的实验模块，自拟表格。

1. 完成基尔霍夫定律、叠加原理的实验。要求电压源 U_1、U_2 可取 4～16 V 的范围，并且 U_1、U_2 的取值一定要成倍数的关系，并测量线性和非线性两种情况下的电压和电流情况。

2. 完成戴维南定理的实验。要求电流源≤15 mA，电压源≤15 V。

(1)分别用开路电压、短路电流法和外施电源法计算出 R_0。

(2)测量线性有源网络的外特性。

(3)测量戴维南等效电路的外特性。

本次实验线路接线图和操作方法可参考本书的实验二和实验三。

五、实验注意事项

1. 用电流插头测量各支路电流时，或者用电压表测量电压时，应注意仪表的极性，正确判断测得值的＋、一号后，记入数据表格。

2. 注意仪表量程的及时更换。

六、实验报告

1. 完成实验内容中的各项数据测量、计算及绘制曲线等。

2. 写出实验结论并总结。

实验十七　二阶动态电路响应的研究

一、实验目的

1. 测试二阶动态电路的零状态响应和零输入响应，了解电路元件参数对响应的影响。

2. 观察、分析二阶电路响应的 3 种状态轨迹及其特点，以加深对二阶电路响应的认识与理解。

二、实验原理

一个二阶电路在方波正、负阶跃信号的激励下，可获得零状态与零输入响应，其响应的变化轨迹取决于电路的固有频率。当调节电路的元件参数值，使电路的固有频率分别为负实数、共轭复数及虚数时，可获得单调衰减、衰减振荡和等幅振荡的响应，在实验中可获得过阻尼、欠阻尼和临界阻尼这 3 种响应图形。

简单而典型的二阶电路是一个 RLC 串联电路和 GCL 并联电路，这两者之间存在着对偶关系。本实验仅对 GCL 并联电路进行研究。

三、实验设备

实验设备见表 1.45。

表 1.45　实验设备

序　号	名　　称	型号与规格	数　量	备　注
1	函数信号发生器		1	DG03
2	数字存储式双踪示波器	GDS-1062	1	
3	动态实验电路板		1	DG07

四、实验内容

动态电路实验板可参照本书实验六的电路板。利用动态电路板中的元件与开关的配合作用，组成如图 1.39 所示的 GCL 并联电路。

参考数据如下：$R_1 = 10$ kΩ，$L = 4.7$ mH，$C = 1\,000$ pF，R_2 为 10 kΩ 可调电阻。令脉冲信号发生器的输出为 $U_m = 1.5$ V，$f = 1$ kHz 的方波脉冲。学生也可自主取值。

通过同轴电缆接至图中的激励端，同时用同轴电缆将激励端和响应输出接至双踪示波器的 CH1 和 CH2 两个输入口。

1. 调节可变电阻器 R_2 的值，观察二阶电路的零输入响应和零状态响应由过阻尼过渡到临界阻尼，最后过渡到欠阻尼的变化过渡过程，分别定性地描绘、记录响应的典型变化波形。

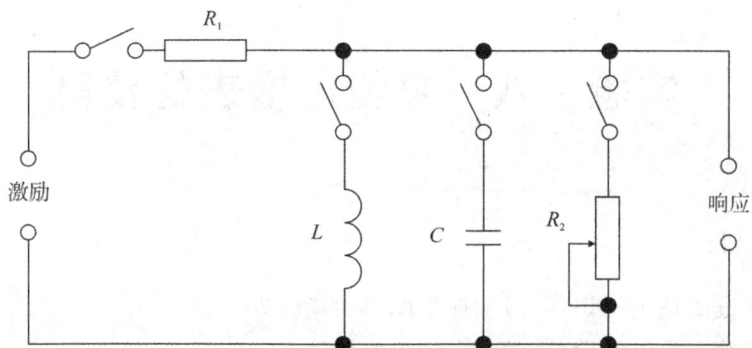

图 1.39　二阶电路接线

2. 调节 R_2 使示波器荧光屏上呈现稳定的欠阻尼响应波形,定量测定此时电路的衰减常数 α 和振荡频率 ω_d。

3. 改变一组电路参数,如增、减 L 或 C 的值,重复步骤 2 的测量,并进行记录。随后仔细观察,改变电路参数时,ω_d 与 α 的变化趋势,并记录在表 1.46 中。

表 1.46　数据记录

电路参数 实验次数	元件参数				测量值	
	$R_1/\mathrm{k\Omega}$	$R_2/$件	L/mH	$C/\mu\mathrm{F}$	α	ω_d
1	10	调至某一次 欠阻尼状态	4.7	0.001		
2	10		4.7	0.010		
3	30		4.7	0.010		
4	10		10.0	0.010		

本次实验线路接线及操作方法可参考本书的实验六。

五、实验注意事项

1. 调节 R_2 时,要细心、缓慢,临界阻尼要找准。

2. 观察双踪示波器显示波形时,显示要稳定,若不同步,则可采用外同步法触发(看示波器说明)。

六、实验报告

1. 根据观测结果,在方格纸上描绘二阶电路过阻尼、临界阻尼和欠阻尼的响应波形。

2. 测算欠阻尼振荡曲线上的 α 与 ω_d。

3. 归纳、总结电路元件参数的改变对响应变化趋势的影响。

4. 心得体会及其他。

实验十八　单相电度表的校验

一、实验目的

1. 利用学过的理论知识,学习掌握电度表的接线方法。
2. 利用实验室提供的设备,学会电度表的校验方法。

二、实验原理

1. 电度表是一种感应式仪表,是根据交变磁场在金属中产生感应电流从而产生转矩的基本原理而工作的仪表,主要用于测量交流电路中的电能。它的指示器能随着电能的不断增大(也就是随着时间的延续)而连续地转动,从而能随时反映出电能积累的总数值。因此,它的指示器是一个"积算机构",是将转动部分通过齿轮传动机构折换为被测电能的数值,由数字及刻度直接指示出来。

它的驱动元件是电压铁芯线圈和电流铁芯线圈在空间上、下排列,中间隔以铝制的圆盘。驱动两个铁芯线圈的交流电,建立起合成特殊分布的交变磁场,并穿过铝盘,在铝盘上产生感应电流。该电流与磁场相互作用的结果是产生转动力矩,从而驱使铝盘转动。铝盘上方装有一个永久磁铁,其作用是对转动的铝盘产生制动力矩,使铝盘转速与负载功率成正比。因此,在某一段测量时间内,负载所消耗的电能 W 就与铝盘的转数 n 成正比,即 $N=\dfrac{n}{W}$,比例系数 N 称为电度表常数,常在电度表上标明,其单位是转/千瓦小时。

2. 电度表的灵敏度是指在额定电压、额定频率及 $\cos\varphi=1$ 的条件下,从零开始调节负载电流,测出铝盘开始转动的最小电流值 $I_{\min}$,则仪表的灵敏度表示为

$$S=\frac{I_{\min}}{I_{N}}\times100\%$$

式中,I_{N} 为电度表的额定电流。$I_{\min}$ 通常较小,约为 I_{N} 的 0.5%。

3. 电度表的潜动是指负载电流等于零时,电度表仍出现缓慢转动的现象。按照规定,无负载电流时,在电度表的电压线圈上施加其额定电压的 110%(达 242 V)时,观察其铝盘的转动是否超过一圈,凡超过一圈者,判为潜动不合格。

三、实验设备

实验设备见表 1.47。

表 1.47 实验设备

序 号	名 称	型号与规格	数 量	备 注
1	电度表	1.5(6)A	1	
2	单相功率表	D26-W	1	D34
3	交流电压表	0～500 V	1	D33
4	交流电流表	0～5 A	1	D32
5	自耦调压器	0～380 V	1	DG01
6	白炽灯	220 V,100 W	3	自备
7	灯泡	220 V,15 W	9	DG08
8	秒表		1	自备

四、实验内容

(一)实验任务

记录被校验电度表的数据:额定电流 $I_N =$ _____,额定电压 $U_N =$ _____,电度表常数 $N =$ _____,准确度为 _____。

1. 用功率表、秒表法校验电度表的准确度。

按图 1.40 所示接线,电度表的接线与功率表相同,其电流线圈与负载串联,电压线圈与负载并联。

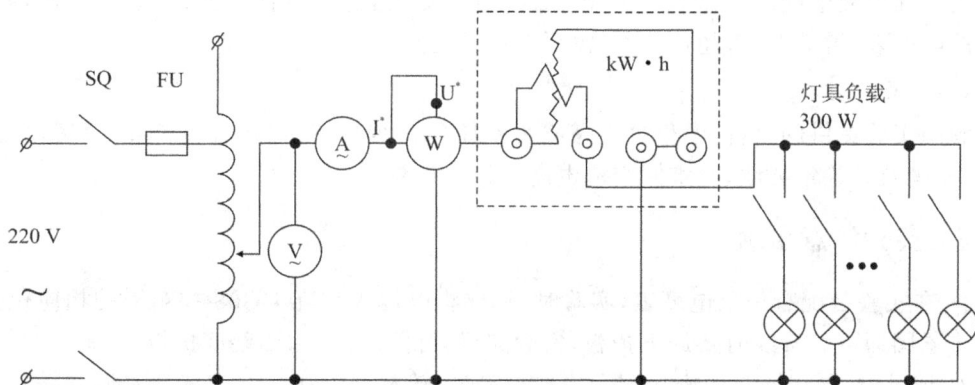

图 1.40 电度表的接线

线路经指导老师检查无误后,接通电源。将调压器的输出电压调到 220 V,按表 1.48 的要求接通灯组负载,用秒表定时记录电度表转盘的转数及记录各仪表的读数。

为了准确地计时及计圈数,可将电度表转盘上的一小段着色标记刚出现(或刚结束),作为秒表计时的开始,并同时读出电度表的起始读数。此外,为了能记录整数转数,可先预定好转数,待电度表转盘刚转完此转数时,作为秒表测定时间的终点,并同时读出电度表的终止读数。所有数据记入表 1.48 中。

建议 n 取 24 圈,则 300 W 负载时,需时 2 min 左右。

表 1.48　数据记录

负载情况	测量值						计算值		
	U/V	I/A	电表读数/(kW·h)			时间/s	转数 n	计算电能 W/(kW·h)	ΔW/W/%	电度表常数 N
			起	止	W					
300 W										
300 W										

为了准确和熟练起见,可重复多做几次。

2. 电度表灵敏度的测试。

电度表灵敏度的测试要用到专用的变阻器,一般都不具备。此处可将图 1.40 中的灯组负载改成 3 组灯组相串联,并全部用 220 V、15 W 灯泡,再在电度表与灯组负载之间串接 8 W、30 kΩ~10 kΩ 的电阻(取自 DG09 挂箱上的 8 W,10 kΩ、20 kΩ 电阻)。每组先接通一只灯泡,接通 220 V 后看电度表转盘是否开始转动,然后逐只增加灯泡或者减少电阻,直到转盘开转,此时电流表的读数可大致作为其灵敏度。请同学们自行估算其误差。

做此实验前应使电度表转盘的着色标记处于可看见的位置。由于负载很小,转盘的转动很缓慢,必须耐心观察。

3. 检查电度表的潜动是否合格。

断开电度表的电流线圈回路,调节调压器的输出电压为额定电压的 110%(即 242 V),仔细观察电度表的转盘是否转动。一般允许有缓慢地转动,若转动不超过一圈即停止,则该电度表的潜动合格,反之则不合格。

实验前应使电度表转盘的着色标记处于可看见的位置。由于"潜动"非常缓慢,要观察正常的电度表"潜动"是否超过一圈,需要 1 h 以上。

(二)要　求

利用实验提供的设备,学生自主完成实验任务。实验前,查找有关资料,了解电度表的结构、原理及其检定方法,并查阅交流电度表检定规程。

五、实验注意事项

1. 本实验台配有一只电度表,实验时,只要将电度表挂在 DG08 挂箱上的相应位置,并用螺母紧固即可。接线时要卸下护板,实验完毕,拆除线路后,要装回护板。

2. 记录时,同组同学要密切配合。秒表定时、转数读取和电度表读数步调要一致,以确保测量的准确性。

3. 实验中用到 220 V 强电,操作时应注意安全。凡需改动接线,必须切断电源,接好线后,检查无误后才能加电。

六、实验报告

1. 对被校电度表的各项技术指标进行评论。

2. 对校表工作的体会。

3. 其他。

实验十九　卧式车床电气控制电路的设计

一、实验目的

1. 通过典型车床电气控制原理,进一步加深对一些特殊要求机床控制线路的了解。

2. 进一步加强阅读电路图的水平,能独立安装并调试较为复杂的电路图,进而提高学生的综合操作能力,使理论知识和实际动手有效结合起来。

二、实验原理

CW6163 型车床是一种较大型的车床,床身最大工件的回转半径为 630 mm。该机床的主运动和进给运动由电动机 M1 集中驱动,主轴的正反向转动切换通过两组摩擦离合器实现;主轴制动采用液压制动器;刀架的快速移动由专门的快速移动电动机 M3 拖动;冷却泵由电动机 M2 拖动;进给运动的纵向左右运动、横向前后运动以及快速移动,都集中由一个手柄操纵。其主要有:

1. 电源引入开关 QS。QS 作为电源隔离开关用,并不用来直接启停电动机,可按 3 台电动机的额定电流来选,考虑到额定电流不大(23 A+0.43 A+2.8 A=26.23 A),可选用额定电流 30 A、电压 380 V 的三极组合开关。

2. 热继电器 FR1、FR2。主电机 M1 的额定电流为 23 A,FR1 可选用热元件额定电流为 25~32 A 的热继电器,将整定电流值设为 23 A,FR2 可选用热元件额定电流为 0.50~0.72 A 的热继电器,将整定电流值设为 0.43 A。

3. 熔断器 FU1、FU2、FU3。FU1 对 M2、M3 提供保护,熔体额定电流为 $I_R \geqslant I_{max}/2.5$,M3 的启动电流为 6.5 倍额定电流,因为 $I_{max}=(2.8 \times 6.5+0.43)A=18.63$ A,故 I_R 为(18.63/2.5)A$\approx$7.45 A,可选用熔体额定电流为 10 A 的熔断器。

为了安全,FU2、FU3 选用熔体额定电流为最小等级(2 A)的熔断器。

4. 信号指示与照明电路。设置绿色电源指示灯 HL1,电源开关 QS 合上立刻发光显示,表明机床电气线路处于供电状态;设红色指示灯 HL2,表示主电机 M1 是否运行,由接触器 KM1 的辅助动合触点控制;设照明灯 FL,由开关 SA 控制;床头操作板上设置一个交流电流表(串接在 M1 的主电路中),用以显示主电机的工作电流,以便调整切削用量使主电机尽量满载运行,从而提高生产率和电动机功率因素。

三、实验设备

实验设备见表 1.49。

表 1.49 实验设备

序 号	名 称	型号与规格	数 量	备 注
1	组合开关	QS-10 A 三极	1	
2	熔断器	FU-101	5	
3	热继电器	12—18	2	220 V
4	控制变压器	BK-50	1	输出 0～220 V
5	交流接触器	LC1-06	3	220 V
6	控制按钮	LA4-3	1	三联
7	按钮开关	K30-41K	7	二位置
8	三相异步电动机	600 W	3	
9	指示灯(绿色/红色)	AD22	3	

四、实验内容

(一)电气传动的要求

用接触器 KM1、KM2、KM3 分别控制电动机 M1、M2 和 M3;机床的三相电源由电源引入开关 QS 引入;主电动机 M1 的过载保护由热继电器 FR1 实现,其短路保护由机床前一级配电箱中的熔断器实现;冷却泵电机 M2 用 FR2 作为过载保护;快速移动电动机 M3 短时工作,不设过载保护;由于 M2、M3 容量小且相差不大,因此共用 FU1 作为短路保护。

(二)控制电路设计

为了操作方便,主电动机两地操作,在床头操作板和刀架拖板上分设启动按钮 SB3、SB4 和停止按钮 SB1、SB2,接触器 KM1 与启、停按钮组成自锁的启停控制电路;冷却泵电动机 M2 由装在床头操作板上的启、停按钮 SB5、SB6 控制;短时工作的快速电动机 M3 由按钮 SB7 和接触器 KM3 组成点动控制回路。

设计电路图可参考本书实验十五。

五、实验注意事项

1. 千万注意安全,未经老师允许不能通电。每次要改线路,一定要停电操作,不能带电。同组同学要互相照应,要开机带电时,一定要通知同组同学。

2. 只有在断电的情况下才能检查线路,否则不允许。

3. 注意实验面板上的主控电路与辅助电路的插孔不能接错,否则将会烧坏实验元器件或电动机。

六、实验报告

画出你所设计的电路图的运行原理流程图。

第二部分 模拟电子技术实验

第三章 实验操作基础

第一节 模拟电路实验箱

THM-1型模拟电路实验箱面板如图2.1所示,该实验箱提供模拟电路实验所需的直流稳压电源、低压交流电源以及相关的电子、电器元器件等。实验箱上的插孔可安装任何元器件组成的任意电路,因此具有实验功能强、资源丰富、接线可靠、维护简单等优点,包含了全部模拟电路的基本教学实验内容及有关课程设计的内容。

图 2.1　模拟电路实验箱面板

实验箱的后方设有带保险丝的 220 V 单相交流三芯电源插座,箱内设有两只降压变压器,供 5 路直流稳压电源用及为实验提供多组低压交流电源。

实验箱提供±5 V和±12 V直流稳压电源,当要使用时,应将所需的电源用导线接到相应的电路上,并将相应的电源开关打开。每路均有短路保护自恢复功能,其中±12 V具有短路报警、提示功能。每一路电源都有相应的电源输出插座及相应的LED指示。

实验箱上的直流可调电源共有两路,每一路均可输出−5～+5 V的直流可调电压,使用时应将其开关打开,并将直流稳压电源的开关也打开。将所需的电源用导线接到相应的电路上,通过调节每一路相应的电位器得到所需的电压。

实验箱面板上设有可装、卸固定线路实验小板弹性绿色插拔座4只,用来固定每个实验所配的电路板,可采用固定线路及灵活组合进行实验,这样更加灵活方便。

第二节　数字万用表

数字万用表是一种多用途电子测量仪器,可用来测量电阻,交、直流电压,交、直流电流,电容容量,电感,三极放大倍数等。图2.2所示为VC9808+数字万用表面板图。

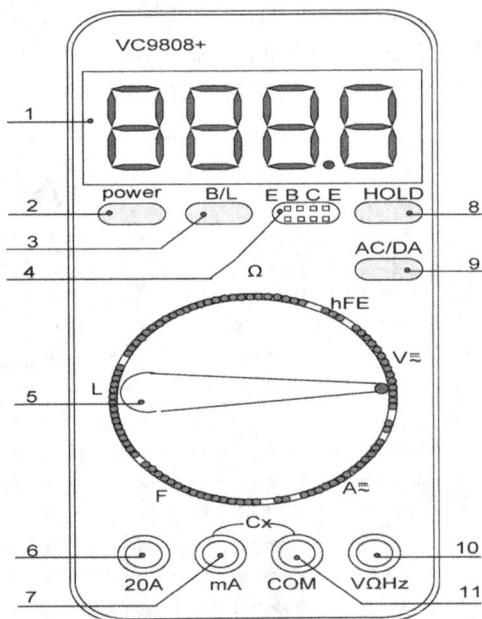

图2.2　数字万用表

一、万用表操作面板说明

1. 液晶显示器,用来显示万用表所测量的数值。
2. 电源开关,用来开启和关闭万用表。
3. 显示器背光灯开关,按下则开启背光灯,延时一段时间会自动关闭。
4. 三极管放大倍数测试插孔。
5. 拨盘旋钮,用来选择所测量的项目和量程。

6. 20 A 电流测试插孔,用于测量较大的电流。

7. mA 电流测试插孔,用于测量小电流。

8. 保持功能键,当按下此按键时,显示屏上一直显示当前的测量值,只有再次按下此键后才能复位。

9. 交、直流切换键,用来切换电压和电流的交、直流测试。当测交流时,液晶屏上会显示"AC"的字样,若无显示,则为直流。

10. 测量电压、电阻等时的红表笔插孔。

11. 万用表黑表笔插孔,即公共地端。

二、电阻的测量

1. 将万用表的红表笔接在"VΩHz"孔,黑表笔接在"COM"孔,将拨盘拨到电阻挡适合的量程上,再将两表笔并联在被测电阻两端。

2. 测量时若屏幕显示"OL",则说明被测电阻的阻值超过所选的电阻量程,这时应将拨盘旋至相应的挡上重新测量。当测量的电阻值超过 1 MΩ 以上时,读数需要几秒的时间才能稳定。

3. 测量电路中的在线电阻时,应将被测电路所有电源关断且电路中的所有电容完全放电,才能保证测量值的正确。

三、电压的测量

1. 将万用表的红表笔接在"VΩHz"孔,黑表笔接在"COM"孔,将拨盘拨到电压挡适合的量程上,判断所测的电压是直流电压还是交流电压,交流、直流切换通过按键"AC/DC"实现。若测的是直流电压,则屏幕上没有"AC"字样;若要测交流电压,则屏幕上要显示"AC"字样,再将两表笔并联在被测电路两端。

2. 在测量前,若对被测量的电压范围不能确定,应将量程选在最高的挡位,然后再根据测量的显示值调至相应合适的挡位上。

3. 当测量高电压电路时,要注意安全,避免触电。完成测量时,要断开表笔与被测电路的连接。

四、电流的测量

1. 将万用表的红表笔接在"mA"孔(最大为 200 mA)或"20 A"孔(最大为 20 A),黑表笔接在"COM"孔,将拨盘拨到电流挡适合的量程上,判断所测的电流是直流电流还是交流电流,交、直流切换通过按键"AC/DC"实现。按下此键,若屏幕上没有"AC"字样,则可测直流电流;若屏幕上显示"AC"字样,则可测交流电流,再将两表笔串联在被测电路中。

2. 在万用表表笔串联在待测电路之前,应先将电路中的电源关闭。

3. 测量之前,若对被测电流的大小范围不确定,应将拨盘旋到电流挡的最高挡位上,然后再根据显示值将拨盘旋到相应的量程挡位上。

4. 在测量过程中,若显示屏显示"1",说明所测的电流超过量程,应及时将量程换到合适的挡位上,再重新测量。

5. 在测大电流 200 mA 或 2 A、20 A 时,过大的电流容易将 mA 挡的保险丝损坏。在测量 20 A 时,每次测量的时间不得超过 10 s,因为过大的电流将使电路发热,甚至损坏仪表。

6. 在使用万用表的电流挡时,切勿将两表笔并联到任何电路上,会损坏保险丝和仪表。完成测量时应先断电源,再断开表笔与被测电路的连接。

五、电容的测量

1. 将万用表的红表笔接在"mA"孔,黑表笔接在"COM"孔,将拨盘旋至电容挡,必要时注意极性。

2. 若被测电容超过所选量程的最大值,则屏幕将显示"1"或"OL",此时应将量程选大一挡。

3. 在测电容之前,屏幕可能会残留读数,属正常现象,不影响测量值。测量之前应对所测电容充分放电,以防止损坏仪表。

4. 使用大电容量程挡测量严重漏电或击穿电容时,将显示数字且不稳定。

六、电感的测量

1. 将万用表的红表笔接在"mA"孔,黑表笔接在"COM"孔,将拨盘旋至电感挡。

2. 若被测电感超过所选量程的最大值,则屏幕将显示"1"或"OL",此时应将量程选大一挡。

3. 在使用 2 mH 这一量程时,应先将表笔短路,测得引线电感值,然后在实测中减去。

七、温度测量

1. 将拨盘旋至"℃"挡,将热电偶传感器的冷端负极(黑色插头)插入"mA"孔中,正极(即红色插头)插入"COM"孔中,热电偶的工作端(即测温端)置于待测物上面或内部,可直接从显示屏上读出温度值。

2. 当输入端开路时,操作环境高于 18 ℃低于 28 ℃时,显示环境温度;低于 18 ℃高于 28 ℃时,显示只供参考。

八、频率测量

1. 将万用表的红表笔接在"VΩHz"孔,黑表笔接在"COM"孔,将拨盘旋到频率"10 MHz"挡上,将表笔接在信号源或被测负载上。

2. 此挡可测试频率量程为 2 kHz 到 10 MHz,禁止输入超过 250 V 直流或交流峰值的电压,避免损坏仪表。

第三节　双路直流稳压电源

DF1731SLL3 直流稳压电源是由两路可调输出电源和一路固定输出电源组成的,其中两路可调输出电源具有稳压和稳流自动转换功能。两路可调电源可以组成串联、并联或单独作用 3 种方式,串联时输出电压最大可达两路电压额定值之和,并联时输出电流最大可达两路电流额定值之和。另一路输出固定 5 V 电源。其面板如图 2.3 所示。

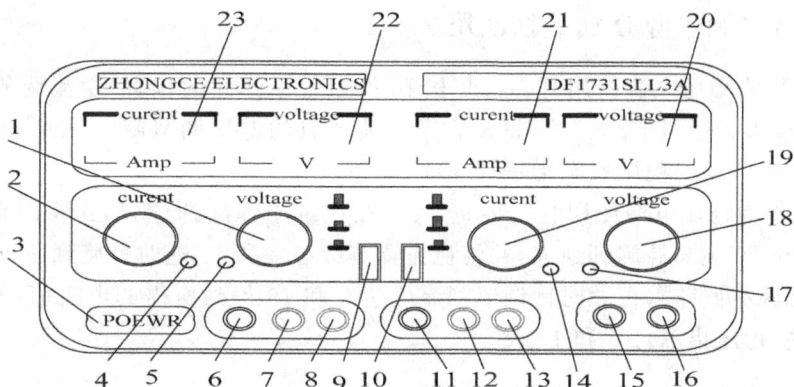

图 2.3 直流稳压电源

一、面板功能介绍

1. 从路电压调节旋钮,用来调节从路输出电压大小。

2. 从路电流调节旋钮,用来调节从路输出电流大小。

3. 电源开关,当按下开关时,稳压或稳流指示灯亮;反之,机器处于关的状态。

4. 从路稳流状态或两路电源并联状态指示灯,当从路电源处于稳流工作状态或两路电源处于并联状态时,指示灯亮。

5. 从路稳压状态指示灯,当从路处于稳压状态时,此灯亮。

6. 从路直流输出负极接线端。

7. 机壳接地端。

8. 从路直流输出正极接线端。

9. 两路电源独立、串联、并联选择按钮。

10. 两路电源独立、串联、并联选择按钮。

11. 主路直流输出负极接线端。

12. 机壳接地端。

13. 主路直流输出正极接线端。

14. 主路稳流状态或两路电源并联状态指示灯,当主路电源处于稳流工作状态或两路电源处于并联状态时,指示灯亮。

15. 固定 5 V 直流电源输出负极接线端。

16. 固定 5 V 直流电源输出正极接线端。

17. 主路稳压状态指示灯,当主路处于稳压状态时,此灯亮。

18. 主路电压调节旋钮,用来调节主路输出电压大小。

19. 主路电流调节旋钮,用来调节主路输出电流大小。

20. 显示屏,用于显示主路输出电压值。

21. 显示屏,用于显示主路输出电流值。

22. 显示从路输出电压值。

23. 显示从路输出电流值。

二、两路可调电源分别单独使用

1. 两路作为稳压电源使用时。将 9 和 10 按钮置于弹起的位置,稳流调节旋钮 2 和 19 顺时针调到最大,然后打开电源开关 3,调节两路各自的电压调节旋钮 1 或 18,得到所需要的电压值,此时两路的稳压状态指示灯 5 和 17 亮。

2. 两路作为稳流电源使用时。将 9 和 10 按钮置于弹起的位置,先将两路各自的稳压调节旋钮 1 和 18 顺时针旋到最大,并将稳流调节旋钮 2 和 19 逆时针旋到最小,接上所需的负载(使稳流源有回路),再顺时针调节稳流旋钮 2 和 19 得到所需的电流值,此时稳流指示灯 4 和 14 亮,稳压指示灯 5 和 17 灭。

三、两路可调电源分别串联使用

1. 做串联使用时,将按钮 9 按下,按钮 10 不按。此时调节主路电源电压调节旋钮 18,从路的输出电压跟从主路输出电压变化,使输出电压最高可达两路电压的额定值之和。串联输出总电压的正极为端子 13,负极为端子 6。

2. 在两路电源串联使用时,两路的输出电压由主路控制,从路的稳压调节旋钮 1 不起作用,但串联时两路的电流调节仍然是独立的。因此在两路串联使用时,电流调节旋钮 2 应顺时针旋到最大。

四、两路可调电源并联使用

1. 做并联使用时,先将按钮 9 和 10 都按下,调节主路电源电压调节旋钮 18 时,两路的输出电压一样,同时从路稳流指示灯亮。

2. 在两路电源并联使用时,从路的稳流调节旋钮 2 不起作用。当做稳流电源使用时,只要调节主路的稳流调节旋钮 19,此时主路和从路的输出电流都受其控制且相同,输出电流最大可达两路输出电流之和,输出端口为 6 和 13。

第四节　晶体管毫伏表

晶体管毫伏表是一种专门用来测量正弦交流电压有效值的交流电压表,具有输入阻抗大、准确度高、工作稳定、电压测量范围广等特点。常用的单通道晶体管毫伏表具有测量交流电压、电平测试、监视输出等功能,交流测量范围是 1 mV～300 V,共分 1 mV、3 mV、10 mV、30 mV、100 mV、300 mV、1 V、3 V、10 V、30 V、100 V、300 V 12 挡。常用的单通道晶体管毫伏表 DF2173 的面板如图 2.4 所示。

一、面板功能介绍

1. 表盘及指针,指示所测交流电压有效值。

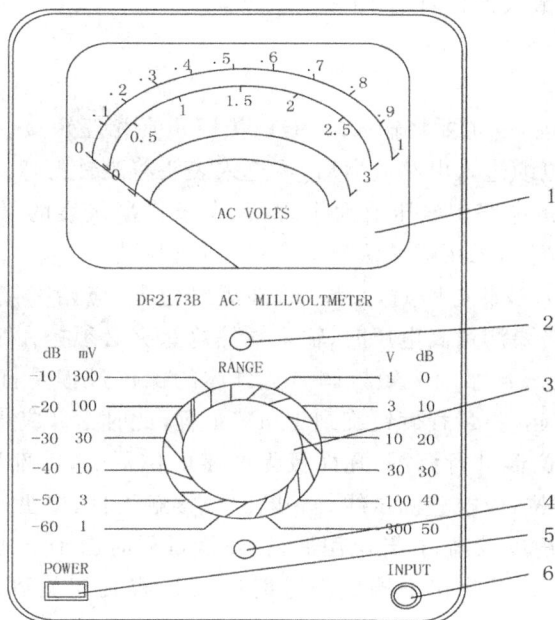

图 2.4　晶体管毫伏表

2. 校正调零,用于交流毫伏表的机械调零。

3. 量程挡位选择旋钮,用于选择不同的测量量程。

4. 电源指示灯,按下电源开关,电源指示灯亮。

5. 电源开关。

6. 输入端,输入待测交流信号。

二、基本使用步骤

1. 接通电源前,先将通道输入端测试探头上的红、黑鳄鱼夹短接,将量程开关拨到最高量程处。

2. 按下电源开关,接通 220 V 电源,此时电源指示灯亮,仪器开始工作。为了保证仪器使用的稳定性,需预热 10 s 左右后使用,开机后 10 s 内指针无规则摆动属正常。

3. 将输入测试探头上的红、黑鳄鱼夹断开,并联在被测电路(红鳄鱼夹接正端,黑鳄鱼夹接地)两端,观察表头指针在刻度盘上所指的位置。若指针在起始点位置基本没动或只动一点点,说明被测电路中的电压很小,毫伏表量程选得过高,此时用递减法由高量程向低量程变换,直到表头指针指到满刻度的 2/3 左右方可。

4. 读数方法。刻度盘上共刻有 4 条刻度,第一条和第二条为测量交流电压有效值的专用刻度线,第三条和第四条为测量电压增益的刻度线。当量程开关分别选 1 mV、10 mV、100 mV、1 V、10 V、100 V 挡时,读数时读第一条刻度;当量程开关分别选 3 mV、30 mV、300 mV、3 V、30 V、300 V 时,就读第二条刻度。例如,将量程开关置"10 V"挡,就从第一条刻度读数,若指针指的数字是在第一条刻度的"0.5"处,其实际测量值为 5 V;若量程开关置"30 V"挡,就读第二条刻度,若指针指在第二条刻度的"2"处,其实际测量值为 20 V。总的来说,当量程开关选在哪个挡位,比如 10 V 挡位,此时毫伏表可以测量外电路中电压的范围是 0~10 V,满刻度的最大值也就是 10 V。

三、注意事项

1. 仪器在通电之前,一定要将输入端的红、黑鳄鱼夹相互短接,防止仪器在通电时因外界干扰信号通过输入电缆进入电路放大后,再进入表头将表针打弯。

2. 当无法判断被测电路中电压值大小时,首先应将毫伏表的量程开关旋至最高量程,然后根据表针所指的范围,采用递减法选择合适的量程挡。

3. 交流毫伏表接入被测电路时,其地端(即黑鳄鱼夹)应始终接在电路的地端(成为公共接地),以防干扰。当要测量高电压时,输入端黑鳄鱼夹必须接在"地"端。

4. 为减小读数误差,测量前应短接调零。具体的操作过程是打开电源开关,将测试线的红、黑鳄鱼夹夹在一起,将量程旋钮旋到 1 mV 量程,此时指针应指在零位(有的毫伏表可通过面板上的调零电位器进行调零,凡面板无调零电位器的,内部设置的调零电位器已调好)。若指针不指在零位,应检查测试线是否断路或接触不良,应更换测试线。

5. 交流毫伏表灵敏度较高,打开电源后,在较低量程时由于干扰信号的作用,指针会发生偏转,称为自起现象。因此在不测试信号时应将量程旋钮旋到较高量程挡,以防打弯指针。

6. 交流毫伏表表盘刻度分为 0—1 和 0—3 两种刻度,量程旋钮切换量程分为逢一量程(1 mV、10 mV、0.1 V 等)和逢三量程(3 mV、30 mV、0.3 V 等),凡逢一的量程直接在 0—1 刻度线上读取数据,凡逢三的量程直接在 0—3 刻度线上读取数据,单位为该量程的单位,无须换算。

7. 交流毫伏表只能用来测量正弦交流信号的有效值,若测量非正弦交流信号,则要经过换算。

8. 不可用万用表的交流电压挡代替交流毫伏表测量交流电压(万用表内阻较低,用于测量 50 Hz 左右的工频电压)。

第五节 数字存储示波器

示波器是一种常用的电子测量仪器,主要用于观察和测量各种肉眼看不到的电信号,也可用来观察各种非电量的变化过程,还可以用来测量各种不同的电量,如频率、电压、幅度等参数。示波器一般分为模拟示波器和数字示波器。常用的数字存储示波器面板如图 2.5 所示。

一、面板功能介绍

1. 液晶显示器(liquid crystal display,LCD),用于显示所测量的波形。
2. 功能键,用于启动 LCD 右边所显示的功能。
3. Variable 旋钮,增加/减小数值或移动到上/下一个参数。
4. Vertical POSITION 旋钮,用于调节显示屏中波形的上、下移动。

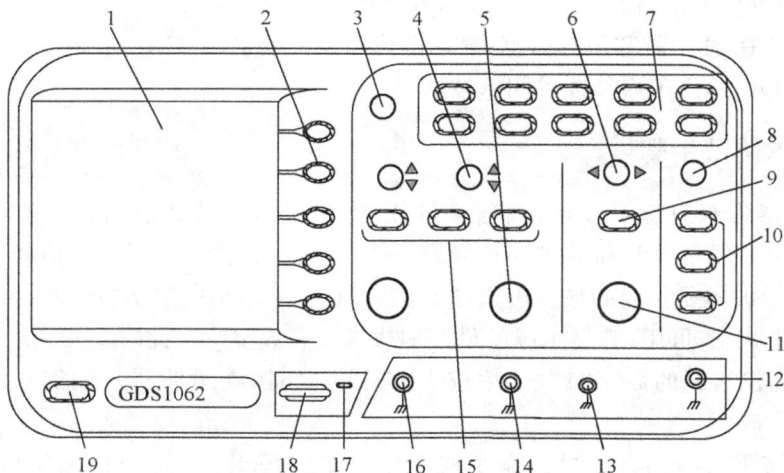

图 2.5　GDS-1062 数字存储示波器

5. VOLTS/DIV 旋钮,选择垂直刻度,微调(顺时针)或粗调(反时针)。

6. Horizontal POSITION 旋钮,用于调节显示屏中波形的左、右移动。

7. 菜单键,共有 10 个按键,每个按键有不同的功能,见表 2.1。

8. Trigger LEVEL 键,设置示波器捕获输入信号的条件。

9. MENU 键,设置水平视图。

10. 触发按键,有单次触发(SINGLE)、强制触发(FORCE)和触发菜单键(MENU) 3 种。

11. TIME/DIV 键,水平移动波形,向左旋慢,向右旋快,在旋此键时显示器下方的时基指示符更新当前波形的水平刻度。

12. EXT TRIG 端,接收外部触发信号。

13. 接地端子,接被测体接地线以接地。

14. CH2 端,示波器通道 2 的信号输入端。

表 2.1　菜单功能列表

菜单键名称	功　能	菜单键名称	功　能
Acquire 键	设定采样模式	Cursor 键	执行光标量测
Display 键	显示器设置	Measure 键	设置并执行自动量测
Utility 键	安装 Hardcopy、系统数据、目录语言和探棒补偿	Save/Recall 键	储存并读取图像、波形或面板设定
Help 键	在 LCD 上显示 Help 内容	Hardcopy 键	将图像、波形或面板设定保存至 SD 卡
Autoset 键	寻找信号并设定适当的水平/垂直/触发设定	Run/Stop 键	运行或停止触发

15. CH1/CH2/MATH 键,其中 CH1、CH2 分别用于设置示波器通道 1 和 2 的垂直刻度和耦合模式。

16. CH1 端,示波器通道 1 的信号输入端。

17. 探棒补偿输出,输出 $2V_{P-P}$ 方波信号来补偿探棒。

18. SD 卡槽,便于转移波形数据、显示图像和面板设定。

19. 电源开关,用于启动或关闭示波器。

二、具体调试步骤

1. 示波器为双通道示波器,两通道可任选一个通道,若选用的是 CH1 通道,首先将 CH1 通道的示波器探头连接到被测信号的两端,探头上的接地夹子夹于信号板的地端。

2. 观察示波器显示屏的最左侧边缘处,是否有一个小小的数字"1",若有说明此时 CH1 通道处于选中状态,可用;若显示屏的最左侧边缘没有数字"1",此时应按一下或两下"CH1"键即会看到左侧边缘的数字"1",然后按下"Autoset"键,在示波器上就能显示被测信号的波形。

3. 如果按下"Autoset"键后,显示的波形不是很理想,调整"TIME/DIV"、"VOLTS/DIV"和"LEVEL"旋钮,直到示波器上出现正确而稳定的波形为止。

4. 波形调好之后,当要测量所显示波形的峰-峰值、频率等参数时,按下"Measure"键,此时在示波器的显示屏右侧就会出现如图 2.6-(a)所示的各种参数测量值,其中"1:20.4 V"指的是 CH1 通道的值,"2:chan off"指的是 CH2 通道的值。

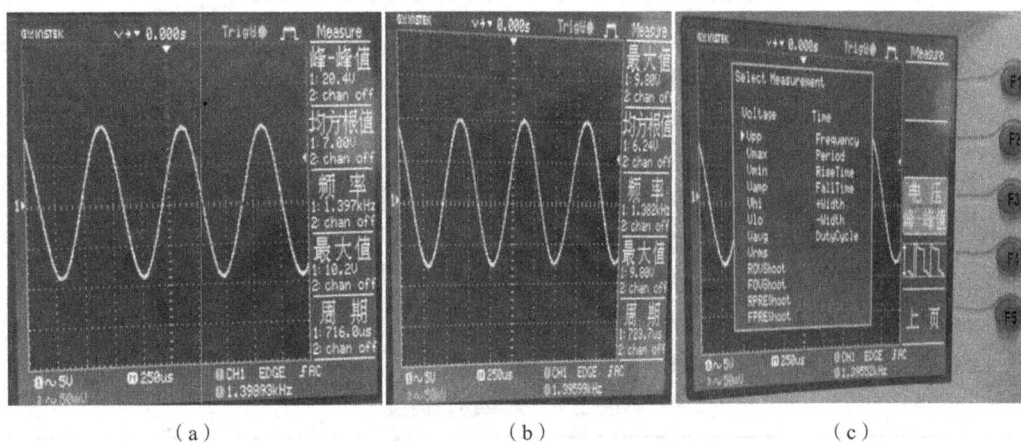

| (a) | (b) | (c) |

图 2.6 "Measure"键功能

5. 当按下"Measure"键后,示波器屏幕右侧有其他的测量参数而没有"峰-峰值"这一项,如图 2.6(b)所示。此时若要使示波器显示屏右侧的第一项变为"峰-峰值"项,首先按下图 2.6(c)中的"F1"按键,此时显示屏会出现一个对话框如图 2.6(c)所示,此对话框中所列为"Measure"键的所有测量参数,然后调节"VARIABLE"旋钮,使图 2.6(c)对话框中的"▶"指到"V_{P-P}"处,最后按下"Measure"键确定即可,这时示波器屏幕右侧的第一项参数即变为"峰-峰值"项。若要将图 2.6(b)中的第五项参数"周期"变为"均方根值",首先按下图 2.6(c)中的"F5"按键,此时显示屏会出现一个对话框如图 2.6(c)所示,然后调节"VARIABLE"旋钮,使图 2.6(c)对话框中的"▶"指到"V_{rms}"处,最后按下"Measure"键确定即可。

第六节　函数信号发生器

函数信号发生器用于产生某些特定的周期性函数波形,如正弦波、方波、三角波等。图2.7 所示为 EE1641B1 型函数信号发生器面板,此函数信号发生器可输出电压和频率均可调节的正弦波、方波和三角波。

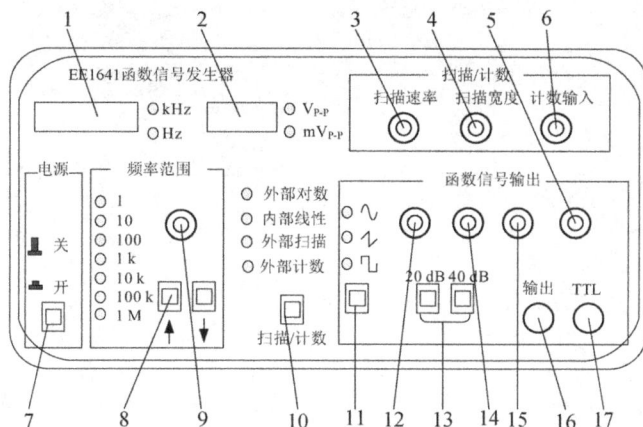

图 2.7　函数信号发生器

面板功能介绍:

1. 频率显示窗口,显示输出信号的频率或外测频信号的频率。

2. 幅度显示窗口,显示函数输出信号的幅度值。

3. 扫描宽度调节旋钮,调节此电位器可以改变内扫描的时间长短。在外测频时,逆时针旋到底,为外输入测量信号经过低通开关进入测量系统。

4. 速率调节旋钮,调节此电位器可调节扫频输出的频率宽度。在外测频时,逆时针旋到底,为外输入测量信号经过衰减"20 dB"进入测量系统。

5. TTL 信号输出端,输出标准的 TTL 幅度的脉冲信号,输出阻抗为 600 W。

6. 外部输入插座,当"扫描/计数"键功能选择在外扫描、外计数状态时,外扫描控制信号或外测频信号由此输入。

7. 电源开关,此键按下时,机内电源接通,整机工作;此键弹起为关机。

8. 频率范围粗调选择按钮,按此按钮可选择粗调输出频率的范围。

9. 频率范围细调选择旋钮,调节此旋钮可精细调节输出频率大小。

10. "扫描/计数"按钮,可选择多种扫描方式和外测频方式。

11. 函数输出波形选择按钮,可选择正弦波、三角波、方波输出。

12. 输出波形、对称性调节旋钮,调节此旋钮可改变输出信号的对称性。当电位器处在"OFF"位置时,输出对称信号。

13. 函数信号输出幅度衰减开关,"20 dB""40 dB"键均不按下,输出信号不经衰减,直接输出到插座口；若只按"20 dB"键，则衰减 10 倍；若只按下"40 dB"键，则衰减 100 倍；若"20 dB""40 dB"键均按下，则衰减 1 000 倍。

14. 函数信号输出信号直流电平预置调节旋钮，调节范围为—5～＋5 V(50 W 负载)，当电位器处在"OFF"位置时，为 0 电平。

15. 函数信号输出幅度调节旋钮，调节信号输出幅度范围。当要输出较小的信号时，可配合 13 的两个衰减按钮来调节。

16. 函数信号输出端，输出多种波形受控的函数信号。

17. 输出 TTL 电平信号。

第四章　基础实验

实验一　常用电子仪器仪表的使用(一)

一、实验目的

1. 学习并掌握常用电子仪器——数字存储示波器、函数信号发生器的主要性能、技术指标及正确使用方法。

2. 掌握函数信号发生器和数字存储示波器的使用,进一步理解频率、周期、幅值、初相位、峰-峰值等概念,并能熟练地进行各种电压值之间的换算。

3. 培养学生全面掌握仪器使用的综合实验动手能力,使学生掌握用示波器调试波形并能独立完成观察信号波形和测量波形参数的方法。

二、实验原理

在模拟电子电路实验中,经常使用的电子仪器仪表有数字存储示波器、函数信号发生器、直流稳压电源、晶体管毫伏表、数字万用表、频率计等,它们可以完成对模拟电子电路的静态和动态工作情况的测试。

本实验要求学生重点学习掌握常用电子仪器——数字存储示波器、函数信号发生器的使用。仪器与被测实验装置之间的布局与连接如图 2.8 所示,接线时应注意,为防止外界干扰,仪器的公共接地端应连接在一起,称共地。信号源的连接线通常用屏蔽线或专用电缆线,数字存储示波器的连接线使用专用的示波器探头。

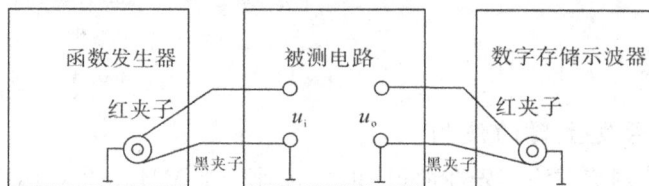

图 2.8　函数信号发生器与数字存储示波器连接示意

(一)数字存储示波器

普通示波器是一种用于电信号波形的观察和测量的有图形显示的测量仪器。数字存储示波器首先对模拟信号进行高速采样获得相应的数字数据并存储,用数字信号处理技术对采样得到的数字信号进行相关处理与运算,从而获得所需的各种信号参数,再根据得到的信号参数绘制信号波形,并可对被测信号进行实时的、瞬态的分析,以方便用户了解信号质量,快速准确地进行测量。其优点有波形自动触发、存储、显示、自动测量、波形数据分析处理等。

（二）函数信号发生器

函数信号发生器通常用作电子电路中的信号源,它的输出端严禁短路。根据需要,信号发生器可以输出正弦波、方波和三角波3种信号波形,输出信号电压幅度可由输出幅度调节旋钮进行连续调节,输出电压最大可达 20 V(V_{P-P})。通过输出衰减开关和输出幅度调节旋钮,可使输出电压在毫伏(mV)级到伏(V)级范围内连续调节。输出信号频率可以通过频率分挡开关进行调节,并由频率计读取频率数值和峰-峰值。

（三）峰-峰值与峰值

峰-峰值是指一个周期内信号最高值和最低值之间的差值,也即波形图中最大的正值和最大的负值之间的差。它描述了信号值变化范围的大小,如图 2.9 所示。

峰值是以 0 刻度为基准的最大值,有正有负,也叫最大值、振幅,而峰-峰值是最大值和最小值的差值,只有正的。

有效值(即均方根值 V_{rms})是根据电流热效应来规定的,即让一个交流电流和一个直流电流分别通过阻值相同的电阻,如果在相同时间内产生的热量相等,就把这一直流电的数值称为这一交流电的有效值。

对于正弦信号,峰-峰值除以 2 是最大值,最大值除以 $\sqrt{2}$ 是有效值。

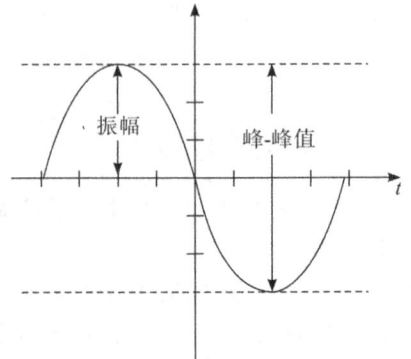

图 2.9　正弦波峰-峰值示意

三、实验设备

实验设备见表 2.2。

表 2.2　实验设备

序　号	名　称	型号与规格	数　量	备　注
1	数字存储示波器	GDS-1062	1	
2	函数信号发生器	EE1641B1	1	

四、实验内容

（一）函数信号发生器的使用

1. 信号频率的调节方法。先在面板"频率范围"0.2 MHz～2.0 MHz 波段选择某一频率范围,再调频率细调旋钮到表 2.3 中所需的值,就可以输出某一频率的正弦信号(或三角波、矩形波),即可读出该频率的数值。

2. 信号幅度的调节方法。在面板上方 V_{P-P} 显示窗,其输出幅度为峰-峰值;面板下方的"输出衰减"用来调节输出幅度。调节"输出衰减"的倍数时,20 dB 为 ×0.1、40 dB 为 ×0.01,60 dB 为 ×0.001,这样读出的输出信号电压只是一个大约数。当需要准确测量出电压时,一律要用晶体管毫伏表。晶体管毫伏表的测量值是有效值,而信号源的幅度为峰-

峰值,它们的关系是峰-峰值为有效值的 $2\sqrt{2}$ 倍。

本仪器作为交流电压源,有时还要考虑它的内阻,或者叫输出阻抗,且各挡的内阻是不一样的。当信号源接上负载时,其输出幅度会有所降低,所以当要准确地测量信号源的负载所得到的信号时,不应忽略其负载而去测信号源的输出。

(二)用数字存储示波器测量信号参数

调节函数信号发生器,使其输出频率、峰-峰值分别为 100 Hz、500 mV,1 kHz、1 V,10 kHz、1.5 V,100 kHz、2 V,150 kHz、4 V 的正弦波信号(也可任意取值或改变输出波形进行测量),用数字存储示波器观察输出波形,并记录波形,读出波形的峰-峰值、周期及频率,将数据记入表 2.3 中。

表 2.3 数字存储示波器的测量值

信号源		数字存储示波器的测量值			
频率/kHz	$V_{\text{p-p}}$/V	峰-峰值/V	有效值/V	周期/ms	频率/kHz
0.1	0.5				
1	1				
10	1.5				
100	2				
150	4				

(三)数字存储示波器旋钮的调节

图 2.10(a)~(h)所示图形为示波器面板上不同旋钮或按钮调出来的结果。请学生调节示波器面板上的相应旋钮或按钮,使之出现图 2.10 所示的各种图形,并说明每个图对应数字存储示波器面板相关旋钮或按钮可能是哪个,分析是什么原因造成的,填入表 2.4 中。

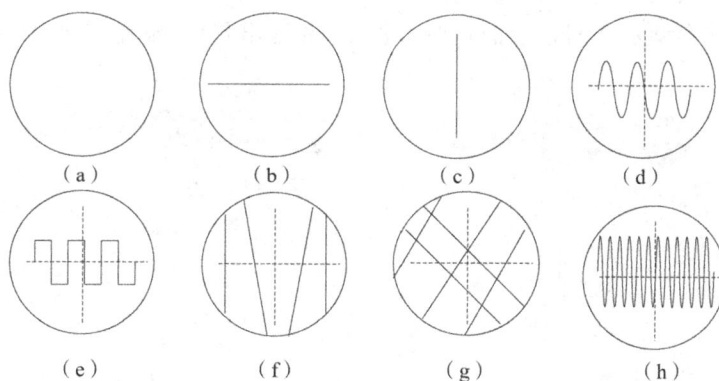

图 2.10 显示波形

表 2.4　实验记录

显示波形	波形产生的原因	所用到的旋钮
（a）		
（b）		
（c）		
（d）		
（e）		
（f）		
（g）		

五、实验注意事项

1. 数字存储示波器、函数信号发生器应保持仪器共地。

2. 函数信号发生器输出端不允许短路。

3. 使用数字存储示波器时,波形应显示在屏幕中央且大小适中,波形完整且稳定方可进行读数。

六、预习思考题

1. 数字存储示波器输入信号耦合开关置"AC""DC""GND"位置有何不同?

2. 函数信号发生器可以输出哪几种波形? 它的输出端能否短接?

七、实验报告

1. 认真记录实验数据并填写相应表格。

2. 整理实验数据和波形,并进行分析。

3. 画出数字存储示波器显示的正弦波波形,并写出其峰-峰值、周期及频率。

实验二　常用电子仪器仪表的使用(二)

一、实验目的

1. 学习并掌握常用电子仪器仪表——直流稳压电源、晶体管毫伏表、数字万用表等的主要技术指标、性能及正确使用方法。

2. 进一步理解有效值的概念,掌握晶体管毫伏表和数字万用表的频率响应特性。

3. 交流实验中重点要掌握晶体管毫伏表的使用。

4. 培养学生全面掌握仪器仪表使用的综合实验动手能力,根据要求,学生能独立完成一些参数的测量。

二、实验原理

本实验中重点学习掌握常用电子仪器仪表——直流稳压电源、晶体管毫伏表、数字万用表的使用。各仪器仪表与被测实验装置之间的布局与连接图如图 2.11 所示。

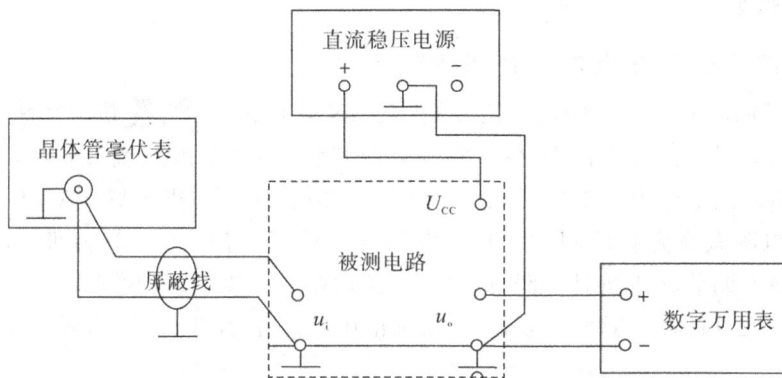

图 2.11　直流稳压电源、晶体管毫伏表、数字万用表连接示意

常用电子仪器仪表——直流稳压电源、晶体管毫伏表、数字万用表的原理和使用说明如下。

(一)直流稳压电源

直流稳压电源通常用来为电子电路提供工作电源电压,其负极通常作为电路的共地端,使用时注意接线方式,严禁出现电源短路情况。DF1731SLL3A 型直流稳压电源由两路直流可调电源组成,每路输出电压为 0～30 V,且连续可调,两路可单独使用,也可做串联或并联使用。

(二)晶体管毫伏表

晶体管毫伏表可在其工作频率范围内测量正弦交流电压的有效值。为了防止过载而损坏,测量前一般先把量程开关置于量程较大位置上,然后在测量中逐步换挡减小,选择合适的量程。接通电源后,将输入端口短接,进行调零,然后断开短路线,即可进行测量。

(三)数字万用表

数字万用表可用来测量直流电压和交流电压、直流电流和交流电流、电阻、电容、电感、三极管/二极管通断测试、温度、频率等参数。

三、实验设备

实验设备见表2.5。

表 2.5 实验设备

序 号	名 称	型号与规格	数 量	备 注
1	直流稳压电源	DF1731SLL3A	1	
2	晶体管毫伏表	DF2175B	1	
3	数字万用表	VC9808+	1	
4	数字存储示波器	GDS-1062	1	
5	函数信号发生器	EE1641B1	1	

四、实验内容

(一)两路直流稳压电源的使用方法

1. 两路可调电源独立使用。按钮开关处于 INDEP 状态(即■位置),将稳流调节旋钮(CURRENT)顺时针调节到最大,然后打开电源开关,并调节电压调节旋钮(VOLTAGE),使主路和从路输出直流电压至所需要的电压值,此时稳压状态指示灯(CV)发光。

2. 可调电源做稳流源使用。在打开电源开关后,先将稳压调节旋钮顺时针调节到最大,同时,将稳流调节旋钮逆时针调节到最小,然后接上所需负载,再顺时针调节稳流调节旋钮,使输出电流至所需要的稳定电流值,此时稳压状态指示灯(CV)熄灭,稳流状态指示灯(CC)发光。

3. 两路可调电源串联使用。将按钮开关置于 SERIES 状态(即左■,右■位置),调节主路电源电压调节旋钮,从路的输出电压严格跟踪主路输出电压,使输出电压最高可达两路额定电压之和。(注意:在串联连接时,主路和从路的连接片不能与地短路;从路的电流调节旋钮顺时针旋到最大,否则因从路输出电流超过限流保护点,从路输出电压将不再跟踪主路的输出电压。)

4. 两路可调电源并联使用。将按钮开关置于 PARALLEL 状态(即左■,右■位置),调节主路电源电压调节旋钮,两路输出电压一样,同时从路稳流指示灯(CC)发光,而从路稳流调节旋钮不起作用。

当电源做稳流源使用时,只要调节主路的稳流调节旋钮,此时主、从路的输出电流均受其控制并相同,其输出电流最大可达两路输出电流之和。

(二)晶体管毫伏表的使用方法

1. 短接调零。毫伏表的灵敏度较高,外界干扰信号将通过输入线反映到表头。为了减少测量误差,特别是在测量 100 mV 以下的信号电压时,需将外接线短接调零。每换一次量程都要重新调零。

2. 读数。当量程旋钮拨在 10 mV、100 mV、1 V 等挡时,指针表示的测量值读表盘上方"0—10"的刻度;当拨在 30 mV、300 mV、3 V 等挡时,则读表盘下方"0—30"的刻度。为了减少测量误差,一般应使表头指针指示在准确刻度的 1/3 以上。

3. 注意事项。由于人体感应电压很大,在接触毫伏表的输入线时,将会有较大的电压输入,因此每次调用输入线时均要将量程旋钮拨到 30 V 以上的挡位,以免打坏指针。测量时,也应先接低电位端(即地线,又称冷端),然后再接高电位端(又称热端)连线。测量结束时,应先取下高电位端连线,再取下地线。

(三)测试晶体管毫伏表和数字万用表的频率响应特性。

由于晶体管毫伏表和数字万用表在测量不同频率的正弦波信号电压时具有不同的频率响应,因此给测量值带来一定误差。测试接线如图 2.12 所示。将函数信号发生器的输出电压调到 $V_{P-P} = 3$ V 并保持不变,改变输出信号的频率,用晶体管毫伏表和数字万用表测量相应的电压值,记录在表 2.6 中。

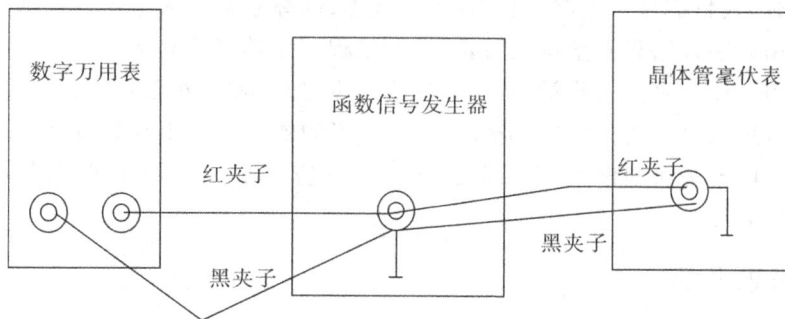

图 2.12　频率响应特性测试接线

表 2.6　晶体管毫伏表和数字万用表测不同频率的电压值

信号源频率/kHz	0.1	1	10	100	150	500
数字万用表/V						
晶体管毫伏表/V						

(四)常用电子仪器仪表的综合训练

按图 2.13 所示连接线路,将晶体管毫伏表、数字存储示波器、函数信号发生器和数字万用表这 4 个仪器的红夹子接在一起,所有的黑夹子接在一起。调节函数信号发生器的幅度和频率调节旋钮,使输出表 2.7 中的不同频率及峰-峰值的正弦波信号(频率与峰-峰值也可自行设定)。用数字存储示波器观察输出波形,

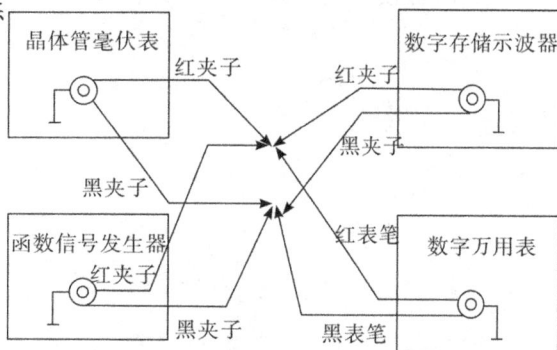

图 2.13　常用电子仪器仪表接线

记录波形并读取有关参数,并用晶体管毫伏表、数字万用表测量输出波形的电压值,完成表 2.7。

表 2.7 常用电子仪器仪表的测量

函数信号发生器		数字存储示波器测量值		晶体管毫伏表读数	数字万用表读数
频率/kHz	峰-峰值	峰-峰值	频率/kHz	有效值/V	有效值/V
0.5	0.5				
1	1				
10	2				
120	3				
150	5				

五、实验注意事项

1. 测量时,函数信号发生器、数字存储示波器、晶体管毫伏表应保持仪器共地。

2. 在使用数字万用表测量参数时,要注意量程挡位选择及表笔的连接。

3. 在使用晶体管毫伏表测量参数时,先要调零,然后才能对参数进行测量。

4. 数字万用表 AC 挡、晶体管毫伏表测量出来的数值都属于有效值。

5. 注意晶体管毫伏表读数,若量程选 1 开头的应读第一条刻度线,若量程选 3 开头的应读第二条刻度线。

六、预习思考题

1. 峰-峰值怎么换算成有效值? 当峰-峰值为 2 V 时,有效值为多少?

2. 在测量过程中,数字万用表与晶体管毫伏表所测的交流电压有何区别? 应如何选用?

七、实验报告

1. 整理实验数据,并进行分析。

2. 比较用不同仪器所读取的信号电压的数值,对误差做出分析。

3. 回答预习思考题。

实验三　晶体管共射极单管放大电路

一、实验目的

1. 学会放大器静态工作点的调试方法,分析静态工作点对放大器性能的影响。
2. 掌握放大器电压放大倍数、输入电阻、输出电阻及最大不失真输出电压的测试方法。
3. 熟悉常用电子仪器及模拟电路实验设备的使用。

二、实验原理

图 2.14 所示为电阻分压式单管放大电路实验电路图,由 NPN 型三极管 T、直流电源 U_{CC}、基极电阻 R_b、负载电阻 R_L、耦合电容 C_1 和 C_2 等元件组成,它的偏置电路采用 R_{B1} 和 R_{B2} 组成的分压电路,给三极管的发射结提供正向偏置电压,同时给三极管提供一个静态基极电流 I_B,并在发射极中接有电阻 R_E,以稳定放大器的静态工作点。为使三极管工作在放大区,必须使三极管的发射结正偏,集电结反偏,因此,U_{CC}、R_C、R_B 等元件的参数应与电路中三极管的输入、输出特性有适当的配合关系。当在放大器的输入端加入输入信号 u_i 后,在放大器的输出端便可得到一个与 u_i 相位相反、幅值被放大了的输出信号 u_o,从而实现了电压放大。

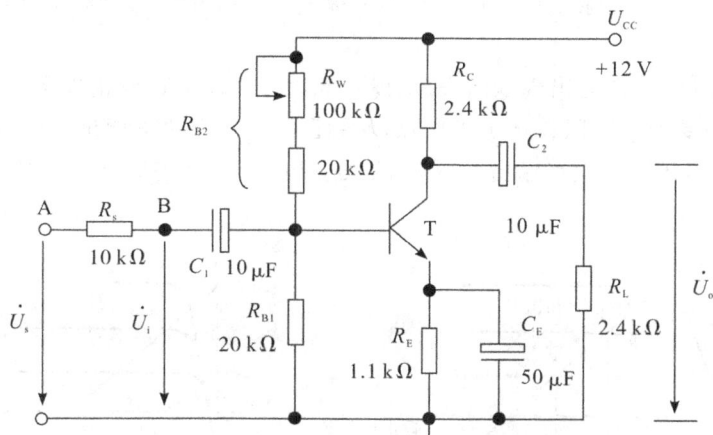

图 2.14　单管放大电路实验电路

静态工作点:当输入交流信号为零时,电路处于静态,三极管各电极有确定不变的电压、电流,在特性曲线上表现为一个确定点,称为静态工作点,即 Q 点,一般用 I_B、I_C、U_{CE} 表示。在图 2.14 电路中,当流过偏置电阻 R_{B1} 和 R_{B2} 的电流远大于晶体管 T 的基极电流 I_B 时(一般 5~10 倍),它的静态工作点可用下式估算:

$$U_B \approx \frac{R_{B1}}{R_{B1}+R_{B2}} U_{CC}$$

$$I_E \approx \frac{U_B - U_{BE}}{R_E} \approx I_C$$

$$U_{CE} = U_{CC} - I_C(R_C + R_E)$$

电压放大倍数：

$$A_V = -\beta \frac{R_C//R_L}{r_{be}}$$

输入电阻：

$$R_i = R_{B1}//R_{B2}//r_{be}$$

输出电阻：

$$R_o \approx R_C$$

（一）静态工作点的调试

放大器静态工作点的调试是指对管子集电极电流 I_C（或 U_{CE}）的调整与测试。

对于放大电路来说，其放大作用的前提是要保证输出波形不失真。但是，由于晶体管是一个非线性器件，如果静态工作点选择不当，就可能使动态工作范围进入非线性区而产生严重的非线性失真。若工作点偏高，如图 2.15(a) 所示 Q_2，则输入信号的正半周，晶体管进入饱和区工作，I_B、I_C、U_{CE} 的波形会出现严重失真，输出波形 u_o 的负半周将被削底，这种现象称为饱和失真。消除饱和失真的方法是降低 Q 点，如减小电源电压 U_{CC}、增加基极电阻 R_B、减小 R_C、增大交流负载线斜率等。

若工作点偏低，则易产生截止失真，如图 2.15(b) 所示 Q_1，输入信号的负半周，晶体管进入截止区工作，I_B、I_C、U_{CE} 的波形会出现严重的失真，即 u_o 正半周被缩顶（一般截止失真不如饱和失真明显）。消除截止失真的方法是提高 Q 点，如增加电源电压 U_{CC}、减小基极电阻 R_B 等。

若输入信号过大，则会出现双向失真，既有饱和失真，又有截止失真。这些情况都不符合不失真放大的要求。所以在选定工作点以后还必须进行动态调试，即在放大器的输入端加入一定的输入电压 u_i，检查输出电压 u_o 的大小和波形是否满足要求，若不满足，则应调节静态工作点的位置。

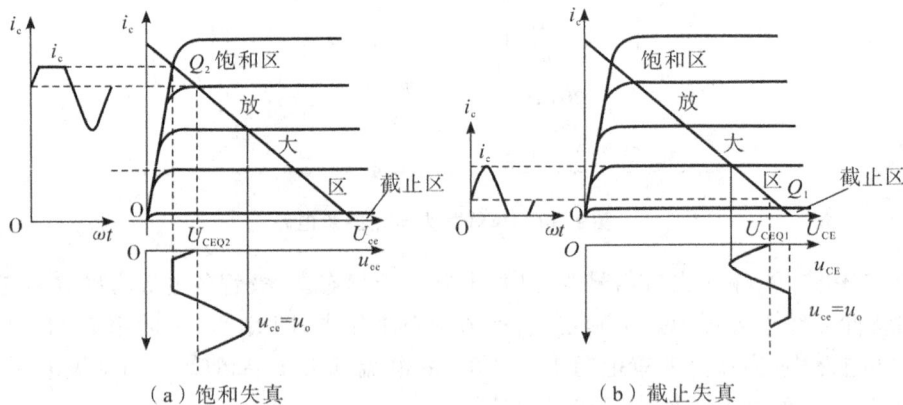

图 2.15　静态工作点与波形失真

改变电路参数 U_{CC}、R_C、R_B（R_{B1}、R_{B2}）都会引起静态工作点的变化，但通常多采用调节

偏置电阻 R_{B2} 的方法来改变静态工作点,如减小 R_{B2},可使静态工作点提高等。

以上所说的工作点"偏高"或"偏低"不是绝对的,应该是相对信号的幅度而言的,如输入信号幅度很小,即使工作点较高或较低也不一定会出现失真。所以确切地说,产生波形失真是信号幅度与静态工作点设置配合不当所致。如需满足较大信号幅度的要求,静态工作点最好尽量靠近交流负载线的中点。

(二)放大器动态指标测试

放大器动态指标包括电压放大倍数、输入电阻、输出电阻、最大不失真输出电压(动态范围)和通频带等。

1. 电压放大倍数 A_V 的测量。调整放大器到合适的静态工作点,然后加入输入电压 u_i,在输出电压 u_o 不失真的情况下,用交流毫伏表测出 U_i 和 U_o,则 $A_V = \dfrac{U_o}{U_i}$。

2. 输入电阻 R_i 的测量。输入电阻 R_i 是指从放大电路输入端看进去的等效电阻,如图 2.16 所示。R_i 的值越大,表明放大电路从信号源索取的电流越小,放大电路所得到的输入电压 u_i 就越接近信号源电压 u_s,即放大电路能从信号源获取较大电压。为了测量放大器的输入电阻,按图 2.16 所示电路在被测放大器的输入端与信号源之间串入一已知电阻 R,在放大器正常工作的情况下,用晶体管毫伏表测出 U_s 和 U_i,则根据输入电阻的定义可得

$$R_i = \frac{U_i}{I_i} = \frac{U_i}{\dfrac{U_R}{R}} = \frac{U_i}{U_s - U_i} R$$

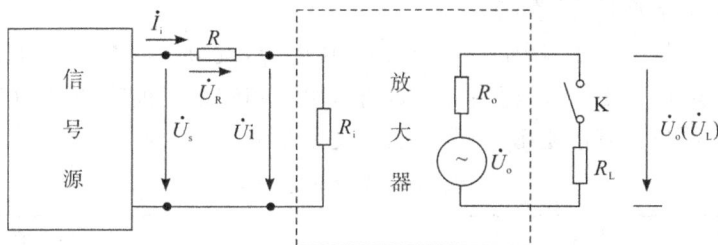

图 2.16　输入、输出电阻测量电路

测量时应注意下列几点:

(1)由于电阻 R 两端没有电路公共接地点,因此测量 R 两端电压 U_R 时必须分别测出 U_s 和 U_i,然后按 $U_R = U_s - U_i$ 求出 U_R 值。

(2)电阻 R 的值不宜取得过大或过小,以免产生较大的测量误差,通常取 R 与 R_i 为同一数量级为好,本实验可取 $R = 1\text{ k}\Omega \sim 2\text{ k}\Omega$。

3. 输出电阻 R_o 的测量。电阻 R_o 指从放大电路输出端看进去的等效内阻,输出电阻的大小反映了放大器带负载的能力。由于负载与输出电阻具有串联的关系,因此输出电阻值越小,带负载的能力越强。按图 2.16 所示电路,在放大器正常工作条件下,测出输出端不接负载 R_L 的输出电压 U_o(即空载电压)和接入负载后的输出电压 U_L(即有载电压),根据

$$U_L = \frac{R_L}{R_o + R_L} U_o$$

即可求出

$$R_\circ = \left(\frac{U_\circ}{U_L} - 1\right) R_L$$

在测试中应注意,必须保持 R_L 接入前后输入信号的大小不变。

三、实验设备

实验设备见表 2.8。

表 2.8　实验设备

序　号	名　称	型号与规格	数　量	备　注
1	单管放大电路实验电路板		1	天煌
2	晶体管毫伏表	DF2175B	1	
3	数字万用表	VC9808+	1	
4	数字存储示波器	GDS-1062	1	固伟
5	函数信号发生器	EE1641B1	1	
6	电阻	2.4 kΩ	2	$\frac{1}{4}$ W

四、实验内容

(一)静态工作点的调节与测试

实验电路接线如图 2.14 所示。接通 +12 V 电源,调节 R_W,用万用表直流电压挡测三极管的电压 U_E,使 $U_E=2.0$ V,再用万用表直流电压挡测量三极管的 U_B、U_C 两个极的电压,然后用万用电表测量偏置电阻 R_{B2} 值,并记入表 2.9 中。

表 2.9　数据记录表 1

测量值				计算值		
U_B/V	U_E/V	U_C/V	$R_{B2}/kΩ$	U_{BE}/V	U_{CE}/V	I_C/mA

(二)测量电压放大倍数

在放大器输入端 U_i 加入频率为 1 kHz 的正弦信号,调节函数信号发生器的输出旋钮使放大器输入电压 $U_i \approx 10$ mV,同时用示波器观察放大器输出电压 $u_\circ$ 的波形,在波形不失真的条件下用晶体管毫伏表测量表 2.10 所列的 3 种情况下的 $U_\circ$ 值,并用示波器观察 $u_\circ$ 和 u_i 的相位关系,记入表 2.10 中。

表 2.10　数据记录表 2

$R_C/k\Omega$	$R_L/k\Omega$	U_o/V	计算 A_V	观察记录一组 u_o 和 u_i 波形
2.4	∞			
1.2	∞			
2.4	2.4			

（三）测量放大电路的输入电阻和输出电阻

在放大器的 U_s 端加入频率为 1 kHz 的正弦信号，调节函数信号发生器的输出旋钮使放大器输入电压为 $U_i=10$ mV，用晶体管毫伏表测出 U_s 和 U_i，并测出输出端不接负载 R_L 的输出电压 U_o 和接入负载后的输出电压 U_L，将数据填入表 2.11 中，根据测量的值计算出放大电路的 R_i 和 R_o。

表 2.11　数据记录表 3

U_s/mV	U_i/mV	$R_i/k\Omega$		U_L/V	U_o/V	$R_o/k\Omega$	
		测量值	计算值			测量值	计算值

五、实验注意事项

1. 不要带电接线或更换元件，测 R_{B2} 时应断开电路中的电源。
2. 静态测试时，$U_i=0$；动态测试时，要注意共地。

六、预习思考题

1. 本实验中应如何测量 R_{B2} 阻值？写出操作过程。
2. 本实验电路中要怎么调节电路的静态工作点？
3. 怎么判断三极管是否处于放大状态？

七、实验报告

1. 列表整理测量结果，并把实测的静态工作点、电压放大倍数、输入电阻、输出电阻的值与理论计算值比较（取一组数据进行比较），分析产生误差原因。
2. 讨论静态工作点变化对放大器输出波形的影响。
3. 分析讨论在调试过程中出现的问题并得出相应的结论。

实验四　负反馈放大电路

一、实验目的

1. 加深理解放大电路中引入负反馈的方法和负反馈对放大器各项性能指标的影响。
2. 掌握反馈的基本概念，学会判断反馈类型。

二、实验原理

负反馈的用途很广，在电子线路的应用中，对改进放大电路的性能起到很重要的作用。放大器中的负反馈就是把基本放大电路的输出量的一部分或全部按一定的方式送回到输入回路来影响净输入量，对放大电路起自动调整作用，使输出量趋向于维持稳定。负反馈放大器有 4 种组态，即电压串联、电压并联、电流串联和电流并联。本实验以电压串联负反馈为例，分析负反馈对放大器各项性能指标的影响。

实验方框图如图 2.17 所示。

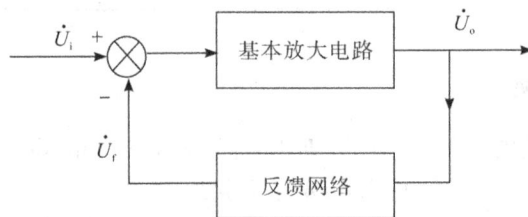

图 2.17　实验方框示意

（一）负反馈对放大倍数的影响

一般来说，引入负反馈后放大电路的放大倍数为 $\dot{A}_f = \dfrac{\dot{A}}{1+\dot{A}\dot{F}}$，说明引入负反馈后，使放大电路的放大倍数下降到原来的 $1/(1+\dot{A}\dot{F})$。当为深度负反馈时，即 $\dot{A}\dot{F} \gg 1$ 时，放大倍数只与反馈网络参数有关即 $\dot{A}_f = \dfrac{1}{\dot{F}}$。

（二）负反馈对输入电阻的影响

参考图 2.18，不加 R_s 时（即假定电压信号源内阻为零），放大电路的输入信号电压为 U_i，测出输出电压 U_o 大小；在信号源中串联 R_s，然后增加信号源电压大小直至输出电压仍为上述 U_o，测出此时信号源电压大小 U_s。由于 R_s 加入前后的输出电压未变，说明 U_i 不变，电压"U_s-U_i"降在 R_s 上，则由 $I_i = \dfrac{U_s-U_i}{R_s}$ 得 $R_i = \dfrac{U_i}{U_s-U_i}R_s$（$U_s$、$U_i$ 均为有效值）。

负反馈对放大电路输入电阻影响只取决于输入端是串联反馈还是并联反馈，与反馈信号采样无关。

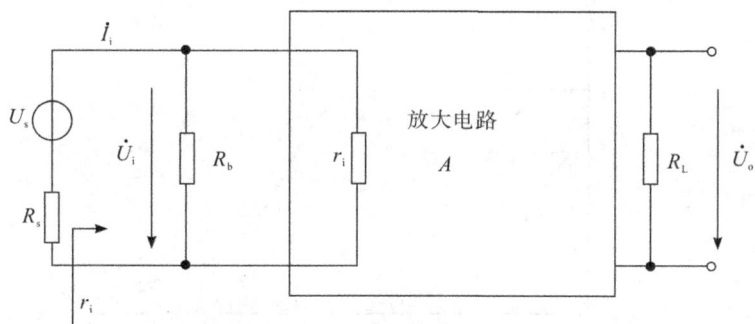

图 2.18　输入电阻测试原理

对于串联负反馈,使输入电阻增加$(1+\dot{A}\dot{F})$倍,即 $R_{if}=(1+\dot{A}\dot{F})R_i$。

对于并联负反馈,使输入电阻减少到原来的 $1/(1+\dot{A}\dot{F})$,即 $R_{if}=\dfrac{R_{io}}{(1+\dot{A}\dot{F})}$, A、F 的含

义以电路是电压负反馈还是电流负反馈而定,式中 R_{io} 为无反馈时输入电阻。

（三）负反馈对输出电阻的影响

参考图 2.19,一个放大电路的输出可以等效为一个内阻为 R_o（即输出电阻）的信号源,因此测出空载电压 U_o 和带上负载 R_L 时的电压 U_L 后,可求得

$$R_o=\frac{U_o-U_L}{U_L}R_L=\left(\frac{U_o}{U_L}-1\right)R_L$$

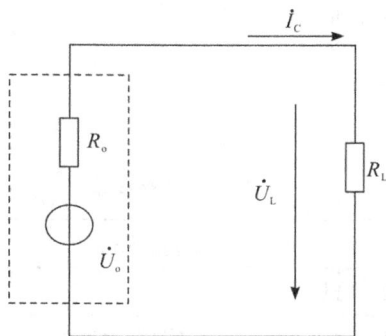

图 2.19　输出电阻测试原理

对于电压负反馈,使输出电阻减少到原来的 $1/(1+\dot{A}\dot{F})$,即 $R_{of}=\dfrac{R_o}{1+\dot{A}\dot{F}}$;对于电流负

反馈,使输出电阻增加$(1+\dot{A}\dot{F})$倍,即 $R_{of}=(1+\dot{A}\dot{F})R_o$,式中 R_o 均为无反馈时输出电阻。

$\dot{A}$、$\dot{F}$ 的含义以电路是电压反馈还是电流反馈,电路输入端是串联还是并联而定。

（四）负反馈对放大电路其他性能的影响

1. 扩展通频带。通频带用于衡量放大电路对不同频率信号的放大能力。图 2.20 所示为某放大电路的幅频特性曲线。

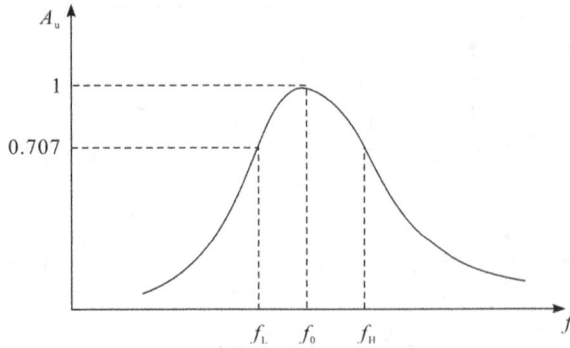

图 2.20　幅频特性曲线

下限截止频率 f_L：在信号频率下降到一定程度时，放大倍数的数值明显下降，使放大倍数的数值等于 $0.707 A_u$ 的频率。

上限截止频率 f_H：在信号频率上升到一定程度时，放大倍数的数值也将下降，使放大倍数的数值等于 $0.707 A_u$ 的频率。

通频带 f_{bw}：f_L 与 f_H 之间形成的频带称中频段，或通频带 f_{bw}（也可写成 BW）。

对于一般的放大电路可认为 $f_H \gg f_L$，则通频带可近似用上限频率来表示，$f_{bw}=f_H-f_L=f_H$；加了负反馈后，$f_{bwf}=(1+AF)f_{bw}$。

2. 减少了放大电路的非线性失真。放大电路的非线性失真是由于进入晶体管特性曲线的非线性部分使输出信号出现了谐波分量，引入负反馈后可以使非线性失真系数减少到原来的 $1/(1+AF)$，因而减少了非线性失真。

三、实验设备

实验设备见表 2.12。

表 2.12　实验设备

序 号	名 称	型号与规格	数 量	备 注
1	负反馈放大电路实验电路板		1	
2	晶体管毫伏表	DF2175B	1	
3	数字万用表	VC9808＋	1	
4	数字存储示波器	GDS-1062	1	
5	函数信号发生器	EE1641B1	1	
6	电阻	2.4 kΩ	1	

四、实验内容

（一）测量静态工作点

按图 2.21 所示连接实验电路，取 $U_{CC}=+12$ V，调 R_{W1} 和 R_{W2} 使 $U_{E1}=2$ V，$U_{E2}=2$ V，然后保持 R_{W1} 和 R_{W2} 不变，用数字万用表的直流电压挡分别测量第一级、第二级的静态工作点,记入表 2.13 中。

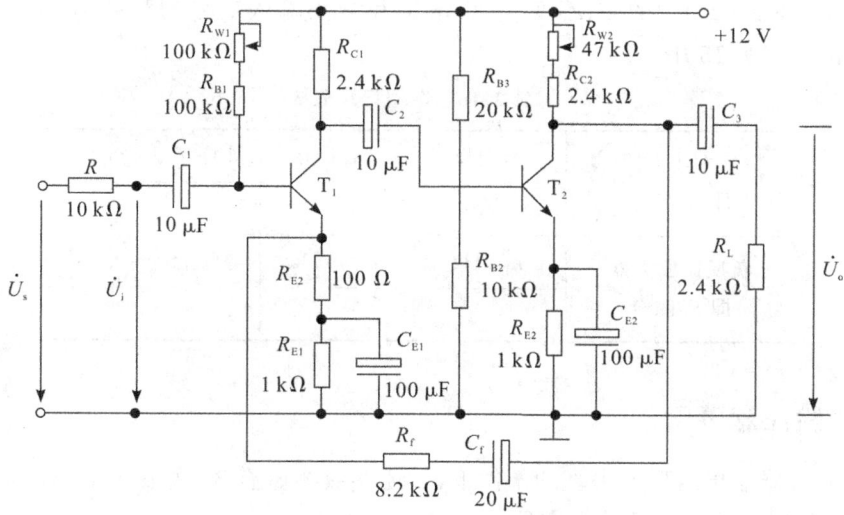

图 2.21 带有电压串联负反馈的两级阻容耦合放大器

表 2.13 数据记录表 1

	U_B/V	U_E/V	U_C/V
第一级			
第二级			

(二)测试放大器的各项性能指标

1. 在图 2.21 的 U_s 端接入 $f=1$ kHz,有效值 $U_i \approx 5$ mV 的正弦信号(即接入函数信号发生器),示波器接电路的输出端监视输出波形 u_o,在 u_o 不失真的情况下,用晶体管毫伏表分别测量 R_f 断开和 R_f 闭合两种情况下的 U_s、U_i、U_L 的值,记入表 2.14 中。

2. 保持 U_s 不变,断开负载电阻 R_L,测量 R_f 断开(即断开反馈回路)和 R_f 闭合(即接通反馈回路)两种情况下空载时的输出电压 U_o,记入表 2.14 中。

表 2.14 数据记录表 2

	测量值				计算值		
基本放大器 即 R_f 断开	U_s/mV	U_i/mV	U_L/V	U_o/V	A_V	R_i/kΩ	R_o/kΩ
负反馈放大器 即 R_f 闭合	U_s/mV	U_i/mV	U_L/V	U_o/V	A_{Vf}	R_{if}/kΩ	R_{of}/kΩ

（三）测量通频带

接上 R_L，保持（二）中的 U_s 不变，然后增加和减小输入信号的频率，找出上、下限频率 f_H 和 f_L，记入表 2.15 中。

表 2.15　数据记录表 3

基本放大器 即 R_f 断开	f_L/Hz	f_H/kHz	计算 $f_{bw}=f_H-f_L$
负反馈放大器 即 R_f 闭合	f_{Lf}/Hz	f_{Hf}/kHz	$f_{bwf}=f_{Hf}-f_{Lf}$

五、实验注意事项

1. 在放大器输出波形不失真的条件下，上述参数测试有效；若发生输出波形失真，则可适当调整电位器或适当降低输入信号。

2. 组装电路时，应检查接插线是否良好导通。

六、预习思考题

1. 怎样把负反馈放大器改接成基本放大器？负反馈放大电路能扩展通频带吗？

2. 电路中 C_2 起什么作用？输入信号失真能否用负反馈改善？

七、实验报告

1. 整理实验数据，分析实验结果。

2. 画出实验电路的频率特性简图，标出 f_H 和 f_L。

3. 写出增加频率范围的方法。

实验五 射极跟随器

一、实验目的

1. 掌握射极跟随器的特性及测试方法。
2. 进一步学习放大器各项参数的测试方法。

二、实验原理

　　射极跟随器的原理图如图 2.22 所示,是一个信号从基极输入、从发射极输出的放大器,故也称其为射极输出器。它是一个电压串联负反馈放大电路,具有输入电阻高,输出电阻低,电压放大倍数接近于 1,输出电压能够在较大范围内跟随输入电压做线性变化以及输入、输出信号同相等特点,所以常用于多级放大电路的输入级和输出级,也可用它连接两电路,减少电路间直接相连所带来的影响,起缓冲作用。

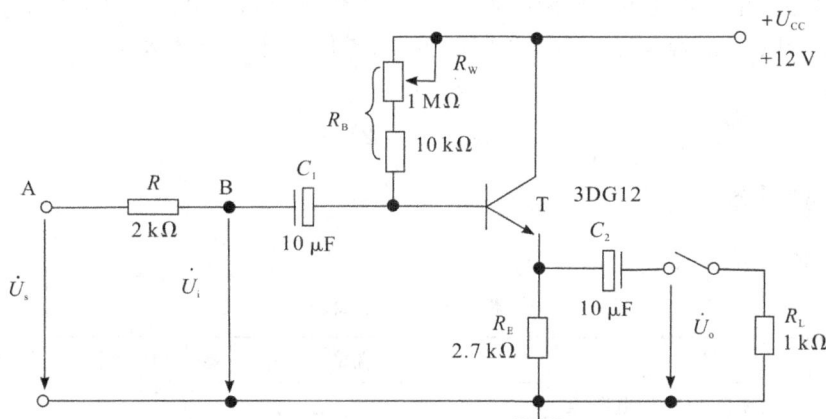

图 2.22　射极跟随器实验电路

(一)输入电阻 R_i

$$R_i = r_{be} + (1+\beta)R_E$$

若考虑偏置电阻 R_B 和负载 R_L 的影响,则

$$R_i = R_B /\!/ [r_{be} + (1+\beta)(R_E /\!/ R_L)]$$

　　由上式可知,射极跟随器的输入电阻 R_i 比共射极单管放大器的输入电阻 $R_i = R_B /\!/ r_{be}$ 要高得多,但由于偏置电阻 R_B 的分流作用,输入电阻难以进一步提高。

　　输入电阻的测试方法同单管放大器,即 $R_i = \dfrac{U_i}{I_i} = \dfrac{U_i}{U_s - U_i} R$。

(二)输出电阻 R_o

$$R_o = \frac{r_{be}}{\beta} /\!/ R_E \approx \frac{r_{be}}{\beta}$$

若考虑信号源内阻 R_s,则

$$R_o = \frac{r_{be}+(R_s /\!/ R_B)}{\beta} /\!/ R_E \approx \frac{r_{be}+(R_s /\!/ R_B)}{\beta}$$

由上式可知,射极跟随器的输出电阻 R_o 比共射极单管放大器的输出电阻 $R_o \approx R_C$ 低得多。三极管的 β 愈高,输出电阻愈小。

输出电阻 R_o 的测试方法亦同单管放大器,即先测出空载输出电压 U_o,再测接入负载 R_L 后的输出电压 U_L,根据 $U_L = \dfrac{R_L}{R_o + R_L} U_o$,即可求出 R_o,$R_o = \left(\dfrac{U_o}{U_L}-1\right) R_L$。

(三)电压放大倍数

$$A_V = \frac{(1+\beta)(R_E /\!/ R_L)}{r_{be}+(1+\beta)(R_E /\!/ R_L)} \leqslant 1$$

上式说明射极跟随器的电压放大倍数小于等于 1,且为正值,这是深度电压负反馈的结果。但它的射极电流仍比基流大 $(1+\beta)$ 倍,所以它具有一定的电流和功率放大作用。

(四)电压跟随范围

电压跟随范围是指射极跟随器输出电压 u_o 跟随输入电压 u_i 做线性变化的区域。当 u_i 超过一定范围时,u_o 便不能跟随 u_i 做线性变化,即 u_o 波形产生了失真。为了使输出电压 u_o 正、负半周对称,并充分利用电压跟随范围,静态工作点应选在交流负载线中点,测量时可直接用示波器读取 u_o 的峰-峰值,即电压跟随范围;或用晶体管毫伏表读取 u_o 的有效值,则电压跟随范围

$$U_{op\cdot p} = 2\sqrt{2} U_o$$

三、实验设备

实验设备见表 2.16。

表 2.16　实验设备

序　号	名　　称	型号与规格	数　量	备　注
1	射极跟随器实验电路板		1	
2	晶体管毫伏表	DF2175B	1	
3	数字万用表	VC9808+	1	
4	数字存储示波器	GDS-1062	1	
5	函数信号发生器	EE1641B1	1	
6	电阻	1 kΩ	2	

四、实验内容

(一)静态工作点的调整

按图 2.22 所示电路接线,接通 +12 V 直流电源,在 B 点加入 $f = 1$ kHz 正弦信号 u_i,输出端接示波器用于监视输出波形,反复调整 R_W 及信号源的输出幅度,使在示波器的屏幕上得到一个最大不失真的输出波形,然后置 $u_i = 0$(即把信号源关闭),用数字万用表直流电

压挡测量晶体管各电极对地电位,将测得的数据记入表 2.17 中。

表 2.17　数据记录表 1

U_E/V	U_B/V	U_C/V

下面的整个测试过程中应保持 R_w 值不变(即保持静态工作点 I_E 不变)。

(二)测量电压放大倍数 A_V

在图 2.22 的输出端接入负载 $R_L=1\ k\Omega$,并把信号源打开,用示波器观察输出波形 u_o,在输出波形最大不失真情况下,用晶体管毫伏表测 U_i、U_L 值,并计算出放大倍数 A_V 记入表 2.18 中。

表 2.18　数据记录表 2

U_i/V	U_L/V	$A_V=U_L/U_i$

(三)测量输出电阻 R_o

步骤同(二),测空载输出电压 U_o,有负载时输出电压 U_L,并算出输出电阻 R_o 记入表 2.19 中。

表 2.19　数据记录表 3

U_o/V	U_L/V	$R_o=\left(\dfrac{U_o}{U_L}-1\right)R_L$

(四)测量输入电阻 R_i

将信号源接到电路的 A 点,用示波器监视输出波形,用晶体管毫伏表分别测出 A、B 点对地的电位 U_s、U_i,并计算出输入电阻 R_i 记入表 2.20 中。

表 2.20　数据记录表 4

U_s/V	U_i/V	$R_i=\dfrac{U_i}{U_s-U_i}R_L$

(五)测试跟随特性

接入负载 $R_L=1\ k\Omega$,把信号源接在电路的 B 点,用示波器监视输出波形,调节函数信号发生器的幅度旋钮,在波形不失真的情况下,任取几组数据记入表 2.21 中。

表 2.21　数据记录表 5

U_i/V				
U_L/V				

（六）测试频率响应特性

保持输入信号 u_i 幅度不变,改变信号源频率,用示波器监视输出波形,用晶体管毫伏表测量不同频率下的输出电压 U_L 值,记入表 2.22 中。

表 2.22　数据记录表 6

f/kHz	
U_L/V	

五、实验注意事项

1. 测量 R_i、R_o 和 A_V 时,应在输出波形不失真的情况下进行;若输出波形失真,则可适当降低输入信号的大小。

2. 由于输入信号较小,在测量时万用表量程应选小一点为宜。

六、预习思考题

1. 射极跟随器的特点是什么?

2. 射极跟随器是共发射极电路吗? 这种电路的输入电压和输出电压的相位同相吗?

七、实验报告

1. 整理实验数据,并画出曲线 $U_L = f(U_i)$ 及 $U_L = f(f)$。

2. 分析射极跟随器的性能和特点。

实验六　差动放大电路

一、实验目的

1. 加深对差动放大器性能及特点的理解。
2. 学习差动放大器主要性能指标的测试方法。

二、实验原理

差动放大器的特点是静态工作点稳定,对共模信号有很强的抑制能力,唯独对输入信号的差(差模信号)做出响应,这些特点在电子设备中应用很广。集成运算放大器几乎都采用差动放大器作为输入级。这种对称的电压放大器有两个输入端和两个输出端,电路使用正、负对称的电源。根据电路的结构,其有双端输入双端输出、双端输入单端输出、单端输入双端输出及单端输入单端输出 4 种接法。凡双端输出,差模电压放大倍数与单管放大倍数一样;而单端输出时,差模电压放大倍数为双端输出的一半。另外,若电路参数完全对称,则双端输出时的共模放大倍数 $A_c = 0$,其实测的共模抑制比(common mode rejection ratio, CMRR)将是一个较大的数值,其值愈大,说明电路抑制共模信号的能力愈强。

(一)静态工作点的估算

典型电路: $I_E \approx \dfrac{|U_{EE}| - U_{BE}}{R_E}$ (认为 $U_{B1} = U_{B2} \approx 0$), $I_{C1} = I_{C2} = \dfrac{1}{2} I_E$。

恒流源电路: $I_{C3} \approx I_{E3} \approx \dfrac{\dfrac{R_2}{R_1 + R_2}(U_{CC} + |U_{EE}|) - U_{BE}}{R_{E3}}$, $I_{C1} = I_{C1} = \dfrac{1}{2} I_{C3}$。

(二)差模电压放大倍数和共模电压放大倍数

当差动放大器的射极电阻 R_E 足够大,或采用恒流源电路时,差模电压放大倍数 A_d 由输出端方式决定,而与输入方式无关。

双端输出,即 $R_E = \infty$, R_P 在中心位置时,

$$A_d = \frac{\Delta U_o}{\Delta U_i} = -\frac{\beta R_C}{R_B + r_{be} + \dfrac{1}{2}(1+\beta) R_P}$$

单端输出时,

$$A_{d1} = \frac{\Delta U_{C1}}{\Delta U_i} = \frac{1}{2} A_d \quad A_{d2} = \frac{\Delta U_{C2}}{\Delta U_i} = -\frac{1}{2} A_d$$

当输入共模信号时,若为单端输出,则有

$$A_{C1} = A_{C2} = \frac{\Delta U_{C1}}{\Delta U_i} = \frac{-\beta R_C}{R_B + r_{be} + (1+\beta)\left(\dfrac{1}{2} R_P + 2 R_E\right)} \approx -\frac{R_C}{2 R_E}$$

若为双端输出,在理想情况下,有

$$A_C = \frac{\Delta U_o}{\Delta U_i} = 0$$

实际上由于元件不可能完全对称,因此 A_C 也不会绝对等于零。

（三）共模抑制比

为了表征差动放大器对有用信号（差模信号）的放大作用和对共模信号的抑制能力,通常用一个综合指标来衡量,即共模抑制比。

$$CMRR = \left|\frac{A_d}{A_c}\right| \text{ 或 } CMRR = 20\lg\left|\frac{A_d}{A_c}\right| \text{ (dB)}$$

差动放大器的输入信号可采用直流信号也可采用交流信号,本实验由函数信号发生器提供频率 $f=1\text{ kHz}$ 的正弦信号作为输入信号。

三、实验设备

实验设备见表2.23。

表2.23　实验设备

序　号	名　称	型号与规格	数　量	备　注
1	差动放大电路实验电路板		1	
2	晶体管毫伏表	DF2175B	1	
3	数字万用表	VC9808＋	1	
4	数字存储示波器	GDS-1062	1	
5	函数信号发生器	EE1641B1	1	

四、实验内容

（一）典型差动放大器性能测试

按图2.23所示连接实验电路,开关K拨向左边组成典型差动放大器。

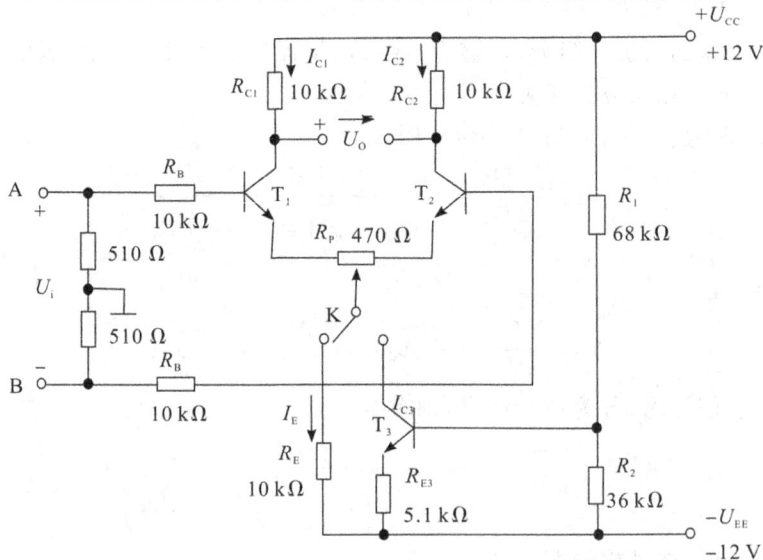

图2.23　差动放大器实验电路

1. 测量静态工作点。

(1)调节放大器零点。电路如图 2.23 所示,信号源不接入。将放大器输入端 A、B 与地短接,接通 ±12 V 直流电源,用直流电压表测量输出电压 U_o,调节调零电位器 R_P,使 U_o = 0。调节要仔细,力求准确。

(2)测量静态工作点。零点调好以后,用直流电压表测量 T_1、T_2 管各电极电位及射极电阻 R_E 两端电压 U_{RE},记入表 2.24 中。

表 2.24　数据记录表 1

测量值	U_{C1}/V	U_{B1}/V	U_{E1}/V	U_{C2}/V	U_{B2}/V	U_{E2}/V	U_{RE}/V
计算值	I_C/mA			I_B/mA		U_{CE}/V	

2. 测量差模电压放大倍数。

断开直流电源,将函数信号发生器的输出端接放大器输入 A 端,地端接放大器输入 B 端构成单端输入方式,调节输入信号为频率 $f = 1$ kHz 的正弦信号,并使输出旋钮旋至零,用示波器监视输出端(集电极 C_1 或 C_2 与地之间)。

接通 ±12 V 直流电源,逐渐增大输入电压 U_i(约 100 mV),在输出波形不失真的情况下,用晶体管毫伏表测 U_i、U_{C1}、U_{C2},记入表 2.25 中,并观察 u_i、u_{C1}、u_{C2} 之间的相位关系及 U_{RE} 随 U_i 改变而变化的情况。

3. 测量共模电压放大倍数。

将放大器 A、B 短接,信号源接 A 端与地之间,构成共模输入方式,调节输入信号 $f = 1$ kHz,$U_i = 1$ V,在输出电压不失真的情况下,测量 U_{C1}、U_{C2} 的值记入表 2.25 中,并观察 u_i、u_{C1}、u_{C2} 之间的相位关系及 U_{RE} 随 U_i 改变而变化的情况。

(二)具有恒流源的差动放大电路性能测试

将图 2.23 电路中开关 K 拨向右边,组成具有恒流源的差动放大电路,重复内容(一)中步骤 2、3 的要求,记入表 2.25 中。

表 2.25　数据记录表 2

		典型差动放大电路		具有恒流源差动放大电路	
		单端输入	共模输入	单端输入	共模输入
测量值	U_i	100 mV	1 V	100 mV	1 V
	U_{C1}/V				
	U_{C2}/V				
计算值	$A_{d1} = \dfrac{U_{C1}}{U_i}$		/		/
	$A_d = \dfrac{U_o}{U_i}$		/		/
	$A_{C1} = \dfrac{U_{C1}}{U_i}$	/		/	
	$A_C = \dfrac{U_o}{U_i}$	/		/	
	$CMRR = \left\lvert \dfrac{A_{d1}}{A_{C1}} \right\rvert$				

五、实验注意事项

1. 本实验需要双电源供电，接线时应注意。
2. 在测量放大电路的表态工作点时，应注意把放大器的输入端 A、B 与地短接。

六、预习思考题

1. 实验中怎样获得双端和单端输入差模信号及共模信号？画出 A、B 端与信号源之间的连接图。
2. 测量静态工作点时，放大器输入端 A、B 与地应如何连接？
3. 调零时，应该用万用表还是毫伏表来指示放大器的输出电压？为什么？
4. 差动放大器为什么具有高的共模抑制比？

七、实验报告

1. 整理实验数据，列表比较实验结果和理论估算值，并分析误差原因。
2. 比较 u_i、u_{C1} 和 u_{C2} 之间的相位关系。
3. 根据实验结果，总结电阻 R_E 和恒流源的作用。
4. 总结差动放大电路的性能和特点。

实验七　集成运算放大器指标测试

一、实验目的

1. 掌握运算放大器主要指标的测试方法。

2. 通过对运算放大器 μA741 指标的测试，了解集成运算放大器组件的主要参数的定义和表示方法。

二、实验原理

本实验采用的集成运放型号为 μA741(或 F007)，引脚排列如图 2.24 所示，它是八脚双列直插式组件，2 脚和 3 脚为反相和同相输入端，6 脚为输出端，7 脚和 4 脚为正、负电源端，1 脚和 5 脚为失调调零端，1 脚和 5 脚之间可接入一只几十千欧的电位器并将滑动触头接到负电源端，8 脚为空脚。

（一）μA741 主要指标测试

1. 输入失调电压 U_{os}。

理想运放组件，当输入信号为零时，其输出也为零。但是即使是最优质的集成组件，由于运放内部差动输入级参数的不完全对称，输出电压往往不为零，这种零输入时输出不为零的现象称为集成运放的失调。

输入失调电压 U_{os} 是指输入信号为零时，输出端出现的电压折算到同相输入端的数值。

失调电压测试电路如图 2.25 所示。闭合开关 K_1 及 K_2，使电阻 R_B 短接，测量此时的输出电压 U_{o1} 即为输出失调电压，则输入失调电压

$$U_{os}=\frac{R_1}{R_1+R_f}U_{o1}$$

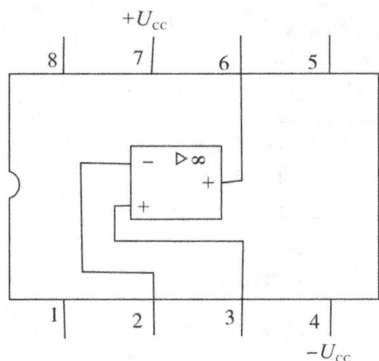

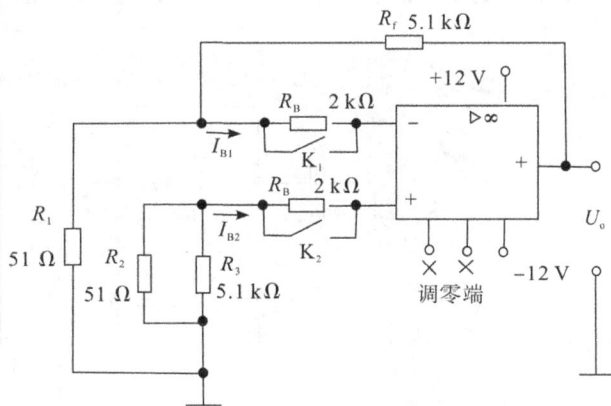

图 2.24　μA741 管脚　　　　图 2.25　U_{os}、I_{os} 测试电路

实际测出的 U_{o1} 可能为正，也可能为负，一般在 $1\sim5$ mV，对于高质量的运放 U_{os} 在

1 mV以下。

测试中应注意：(1)将运放调零端开路。

(2)要求电阻 R_1 与 R_2、R_3 与 R_f 的参数严格对称。

2. 输入失调电流 I_{os}。

输入失调电流 I_{os} 是指当输入信号为零时，运放的两个输入端的基极偏置电流之差，即

$$I_{os} = |I_{B1} - I_{B2}|$$

输入失调电流的大小反映了运放内部差动输入级两个晶体管 β 的失配度，由于 I_{B1}、I_{B2} 本身的数值已很小(微安级)，因此它们的差值通常不是直接测量的，测试电路如图 2.25 所示，测试分两步进行：

(1)闭合开关 K_1 及 K_2，在低输入电阻下，测出输出电压 U_{o1}，如前所述，这是由输入失调电压 U_{os} 所引起的输出电压。

(2)断开 K_1 及 K_2，两个输入电阻 R_B 接入，由于 R_B 阻值较大，流经它们的输入电流的差异将变成输入电压的差异，因此也会影响输出电压的大小，可见测出两个电阻 R_B 接入时的输出电压 U_{o2}，若从中扣除输入失调电压 U_{os} 的影响，则输入失调电流 I_{os} 为

$$I_{os} = |I_{B1} - I_{B2}| = |U_{o2} - U_{o1}| \frac{R_1}{R_1 + R_f} \frac{1}{R_B}$$

一般，I_{os} 为几十至几百纳安，高质量运放 I_{os} 低于 1 nA。

测试中应注意：(1)将运放调零端开路。

(2)两输入端电阻 R_B 必须精确配对。

3. 开环差模放大倍数 A_{ud}。

集成运放在没有外部反馈时的直流差模放大倍数称为开环差模电压放大倍数，用 A_{ud} 表示。它定义为开环输出电压 U_o 与两个差分输入端之间所加信号电压 U_{id} 之比，即

$$A_{ud} = \frac{U_o}{U_{id}}$$

按定义，A_{ud} 应是信号频率为零时的直流放大倍数，但为了测试方便，通常采用低频(几十赫兹以下)正弦交流信号进行测量。由于集成运放的开环电压放大倍数很高，难以直接进行测量，故一般采用闭环测量方法。A_{ud} 的测试方法很多，现采用交、直流同时闭环的测试方法，如图 2.26 所示。

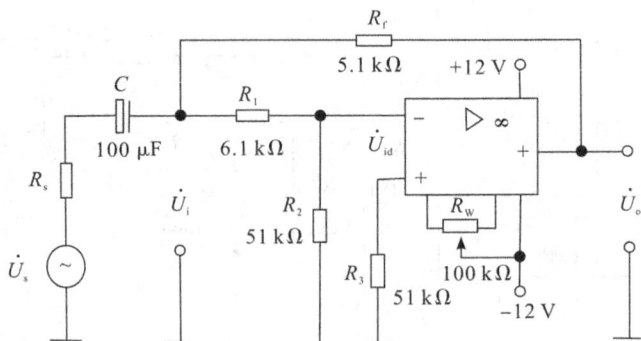

图 2.26 A_{ud}测试电路

被测运放一方面通过 R_f、R_1、R_2 完成直流闭环，以抑制输出电压漂移，另一方面通过 R_f

和 R_s 实现交流闭环,外加信号 u_s 经 R_1、R_2 分压,使 u_{id} 足够小,以保证运放工作在线性区,同相输入端电阻 R_3 应与反相输入端电阻 R_2 相匹配,以减小输入偏置电流的影响,电容 C 为隔直电容。被测运放的开环电压放大倍数为

$$A_{ud} = \frac{U_o}{U_{id}} = \left(1 + \frac{R_1}{R_2}\right)\frac{U_o}{U_i}$$

通常低增益运放 A_{ud} 为 60～70 dB,中增益运放约为 80 dB,高增益在 100 dB 以上,可达 120～140 dB。

测试中应注意:(1)测试前电路应首先消振及调零。

(2)被测运放要工作在线性区。

(3)输入信号频率应较低,一般用 50～100 Hz,输出信号幅度应较小,且无明显失真。

4. 共模抑制比。

集成运放的差模电压放大倍数 A_d 与共模电压放大倍数 A_c 之比称为共模抑制比,即

$$CMRR = \left|\frac{A_d}{A_c}\right| \text{ 或 } CMRR = 20\lg\left|\frac{A_d}{A_c}\right| \text{(dB)}$$

共模抑制比在应用中是一个很重要的参数,理想运放对输入的共模信号其输出为零,但在实际的集成运放中,其输出不可能没有共模信号的成分,输出端共模信号愈小,说明电路对称性愈好,也就是说运放对共模干扰信号的抑制能力愈强,即 $CMRR$ 愈大。$CMRR$ 的测试电路如图 2.27 所示。

集成运放工作在闭环状态下的差模电压放大倍数为

$$A_d = \frac{R_f}{R_1}$$

当接入共模输入信号 U_{ic} 时,测得 U_{oc},则共模电压放大倍数为

$$A_c = \frac{U_{oc}}{U_{ic}}$$

得共模抑制比

$$CMRR = \left|\frac{A_d}{A_c}\right| = \frac{R_f}{R_1}\frac{U_{ic}}{U_{oc}}$$

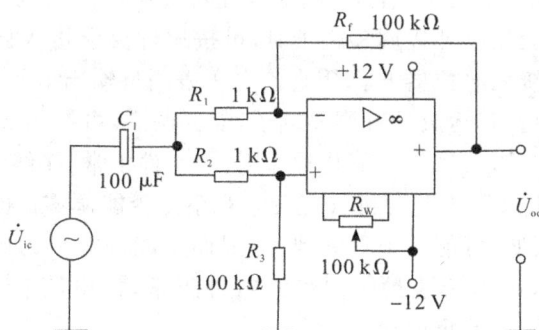

图 2.27 CMRR 测试电路

测试中应注意:(1)消振与调零。

(2)R_1 与 R_2、R_3 与 R_f 之间阻值严格对称。

(3)输入信号 U_{ic} 幅度必须小于集成运放的最大共模输入电压范围 U_{icm}。

5. 共模输入电压范围 U_{icm}。

集成运放所能承受的最大共模电压称为共模输入电压范围,超出这个范围,运放的 $CMRR$ 会大大下降,输出波形产生失真,有些运放还会出现"自锁"现象以及永久性的损坏。

U_{icm} 的测试电路如图 2.28 所示。

被测运放接成电压跟随器形式,输出端接示波器,观察最大不失真输出波形,从而确定 U_{icm} 值。

6. 输出电压最大动态范围 $U_{oP\text{-}P}$

集成运放的动态范围与电源电压、外接负载及信号源频率有关。其测试电路如图 2.29 所示。

改变 u_s 幅度,观察 u_o 削顶失真开始时刻,从而确定 u_o 的不失真范围,这就是运放在某一定电源电压下可能输出的电压峰-峰值 $U_{oP\text{-}P}$。

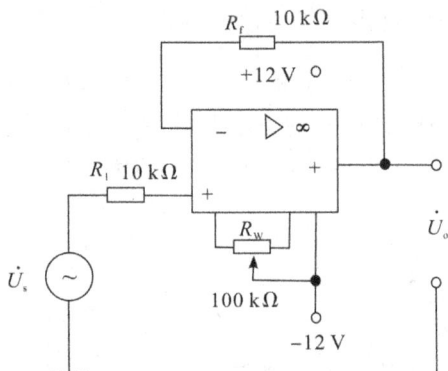

图 2.28　U_{icm} 测试电路　　　　图 2.29　$U_{oP\text{-}P}$ 测试电路

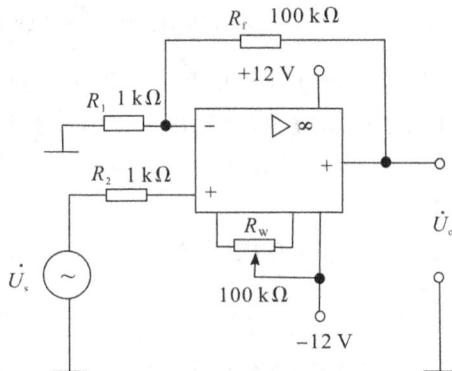

(二)集成运放在使用时应考虑的一些问题

1. 输入信号选用交、直流量均可,但在选取信号的频率和幅度时,应考虑运放的频率响应特性和输出幅度的限制。

2. 调零。为提高运算精度,在运算前,应首先对直流输出电位进行调零,即保证输入为零时,输出也为零。当运放有外接调零端子时,可按组件要求接入调零电位器 R_w,调零时,将输入端接地,调零端接入电位器 R_w,用直流电压表测量输出电压 U_o,细心调节 R_w,使 U_o 为零(即失调电压为零)。若运放没有调零端子,如要调零,可按图 2.30 所示电路进行调零。

一个运放如不能调零,大致有如下几种原因:①组件正常,接线有错误。②组件正常,但负反馈不够强(R_f/R_1 太大),为此可将 R_f 短路,观察是否能调零。③组件正常,但由于它所允许的共模输入电压太低,可能出现自锁现象,因而不能调零。为此可将电源断开后,再重新接通,如能恢复正常,则属于这种情况。④组件正常,但电路有自激现象,应进行消振。⑤组件内部损坏,应更换好的集成块。

3. 消振。一个集成运放自激时,表现为即使输入信号为零,亦会有输出,使各种运算功能无法实现,严重时还会损坏器件。在实验中,可用示波器监视输出波形。为消除运放的自激,常采用如下措施:①若运放有相位补偿端子,则可利用外接 RC 补偿电路,产品手册中有补偿电路及元件参数提供。②电路布线、元器件布局应尽量减少分布电容。③在正、负电源

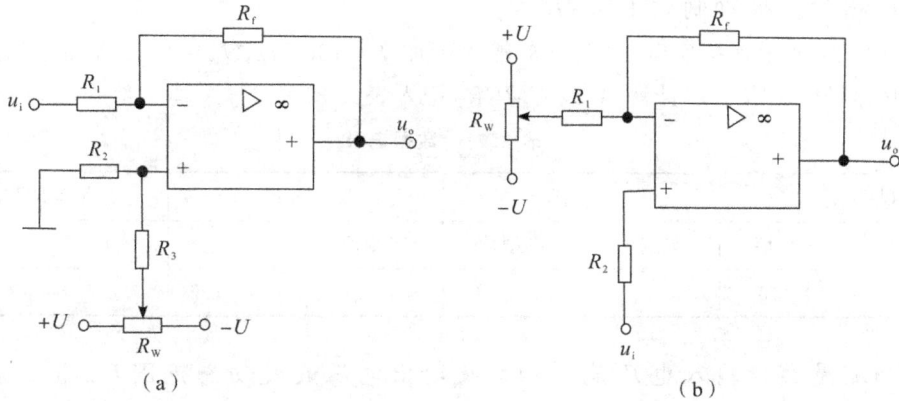

图 2.30　调零电路

进线与地之间接上几十微法的电解电容和 $0.01 \sim 0.10\ \mu F$ 的陶瓷电容相并联以减小电源引线的影响。

三、实验设备

实验设备见表 2.26。

表 2.26　实验设备

序　号	名　称	型号与规格	数　量	备　注
1	$\pm 12\ V$ 直流电源		1	
2	晶体管毫伏表	DF2175B	1	
3	数字万用表	VC9808+	1	
4	数字存储示波器	GDS-1062	1	
5	函数信号发生器	EE1641B1	1	
6	电阻、电容等		若干	

四、实验内容

实验前看清运放管脚排列及电源电压极性及数值,切勿将正、负电源接反。

(一)测量输入失调电压 U_{os}

按图 2.25 所示连接实验电路,闭合开关 K_1、K_2,用直流电压表测量输出端电压 U_{o1},并计算 U_{os},记入表 2.27 中。

(二)测量输入失调电流 I_{os}

实验电路如图 2.25 所示,打开开关 K_1、K_2,用直流电压表测量 U_{o2},并计算 I_{os},记入表 2.27 中。

(三)测量开环差模电压放大倍数 A_{ud}

按图 2.26 所示连接实验电路,运放输入端加频率 100 Hz,大小为 $30 \sim 50$ mV 的正弦信号,用示波器监视输出波形;用晶体管毫伏表测量 U_o 和 U_i,并计算 A_{ud},记入表 2.27 中。

（四）测量共模抑制比 $CMRR$

按图 2.27 所示连接实验电路，运放输入端加 $f=100$ Hz，$U_{ic}=1\sim2$ V 正弦信号，监视输出波形，测量 U_{oc} 和 U_{ic}，计算 A_c 及 $CMRR$，记入表 2.27 中。

表 2.27　数据记录

U_{os}/mV		I_{os}/nA		A_{ud}/dB		$CMRR/dB$	
实测值	典型值	实测值	典型值	实测值	典型值	实测值	典型值
	$2\sim10$		$50\sim100$		$100\sim106$		$80\sim86$

（五）测量共模输入电压范围 U_{icm} 及输出电压最大动态范围 $U_{oP\text{-}P}$

按图 2.28 所示连接实验电路，自拟实验步骤及方法。

五、实验注意事项

1. 本次实验用的是散件，因此实验中应妥善保管元器件。
2. 应注意芯片的引脚，以免插错损坏器件。

六、预习思考题

1. 写出 μA741 各管脚功能。
2. 集成运放在使用时应考虑哪些问题？

七、实验报告

1. 将所测得的数据与典型值进行比较。
2. 对实验结果及实验中碰到的问题进行分析和讨论。

实验八 模拟运算电路

一、实验目的

1. 研究由集成运算放大器组成的比例、加法、减法、积分等基本运算电路的功能。
2. 了解运算放大器在实际应用时应考虑的一些问题。

二、实验原理

集成运算放大器是一种把多级直流放大器做在一个集成片上,只要在外部接少量元件就能完成各种功能的器件。集成运算放大器是一种具有高电压放大倍数的直接耦合多级放大电路,当外部接入不同的线性或非线性元器件组成输入和负反馈电路时,可以灵活地实现各种特定的函数关系;在线性应用方面,可组成比例、加法、减法、积分、微分、对数等模拟运算电路。

大多数情况下,将运放视为理想运放,就是将运放的各项技术指标理想化。满足下列条件的运算放大器称为理想运放,即开环电压增益 $A_{ud} = \infty$,输入阻抗 $r_i = \infty$,输出阻抗 $r_o = 0$,失调与漂移均为零等。

集成运放的调零。所谓调零,就是将运放应用电路输入端短路,调节调零电位器,使运放输出电压等于零。为提高运算精度,在运算前,应首先对直流输出电位进行调零,即保证输入为零时,输出也为零。集成运放作为直流运算使用时,特别是在小信号、高精度直流放大电路中,调零是十分重要的。因为集成运放存在失调电流和失调电压,当输入端短路时,会出现输出电压不为零的现象,从而影响到运算精度,严重时会使放大电路不能工作。

本实验采用的集成运放型号为 $\mu A741$(或 F007),其管脚功能及指标实验七已有介绍。

集成运放的传输特性是指电路开环时,输出电压与差模输入电压之间的关系。特性曲线如图 2.31 所示。

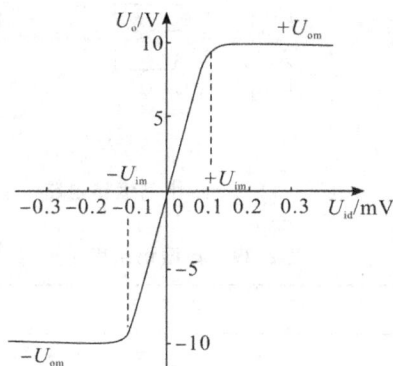

图 2.31 电压传输特性曲线

三、实验设备

实验设备见表 2.28。

表 2.28　实验设备

序　号	名　称	型号与规格	数　量	备　注
1	集成运放电路实验电路板		1	
2	晶体管毫伏表	DF2175B	1	
3	数字万用表	VC9808＋	1	
4	数字存储示波器	GDS-1062	1	
5	函数信号发生器	EE1641B1	1	

四、实验内容

(一)反相比例运算电路

对于理想运放,该电路的输出电压与输入电压之间的关系为

$$U_o = -\frac{R_f}{R_1} U_i$$

1. 调零,按图 2.32 所示连接实验电路,接通 ±12 V 电源,将输入端 U_i 接地,调节调零电位器 R_w 使输出电压为零。

2. 输入端 U_i 接 $f=100$ Hz,$U_i=0.5$ V 的正弦交流信号,测量相应的 U_o,并用示波器观察 u_o 和 u_i 的相位关系,记入表 2.29 中。

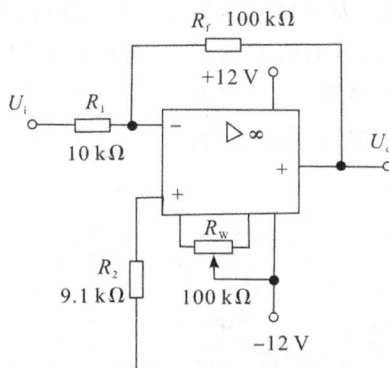

图 2.32　反相比例运算电路

表 2.29　数据记录表 1

U_i/V	U_o/V	u_i 波形	u_o 波形	A_V
0.5				

(二)同相比例运算电路

1. 图 2.33 所示为同相比例运算电路,它的输出电压与输入电压之间的关系为

$$U_o = \left(1 + \frac{R_f}{R_1}\right) U_i \qquad (R_2 = R_1 // R_f)$$

2. 按图 2.33 所示连接实验电路,实验步骤同内容(一),将结果记入表 2.30 中。

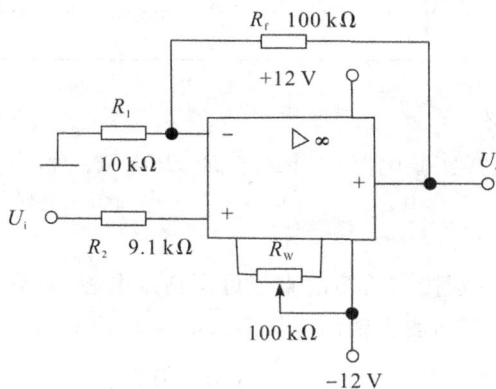

图 2.33　同相比例运算电路

表 2.30　数据记录表 2

U_i/V	U_o/V	u_i波形	u_o波形	A_V
0.5				

(三)反相加法电路

电路如图 2.34 所示,输出电压与输入电压之间的关系为

$$U_o = -\left(\frac{R_f}{R_1} U_{i1} + \frac{R_f}{R_2} U_{i2}\right) \qquad (R_3 = R_1 // R_2 // R_f)$$

1. 调零,按图 2.34 所示连接实验电路,接通 ± 12 V 电源,将输入端 U_{i1} 和 U_{i2} 接地,调节调零电位器 R_W 使输出电压为零。

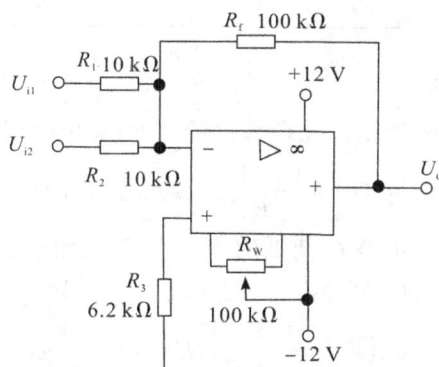

图 2.34　反相加法运算电路

2. 输入端 U_{i1} 和 U_{i2} 分别接实验箱的直流可调稳压电源,调节直流可调电源的电位器分别取不同的输入电压 U_{i1}、U_{i2},测出输出电压 U_o,记入表 2.31 中。

表 2.31　数据记录表 3

U_{i1}/V	0.5	0.4	0.3	0.2	−0.2
U_{i2}/V	0.1	−0.2	0.1	−0.3	0.4
U_o/V					

(四)减法运算电路

1. 按图 2.35 所示连接实验电路。当 $R_1 = R_2$,$R_3 = R_f$ 时,

$$U_o = \frac{R_f}{R_1}(U_{i2} - U_{i1})$$

2. 输入端 U_{i1} 和 U_{i2} 分别接实验箱的直流可调稳压电源,调节直流可调电源的电位器分别取不同的输入电压 U_{i1}、U_{i2},测出输出电压 U_o,记入表 2.32 中。

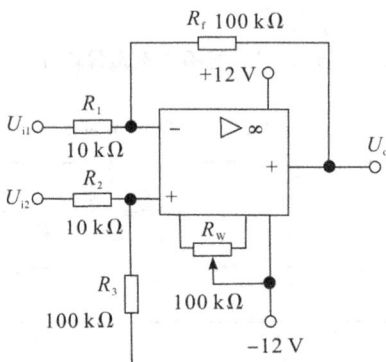

图 2.35　减法运算电路

表 2.32　数据记录表 4

U_{i1}/V	0.5	0.4	0.3	0.2	0.1
U_{i2}/V	−0.2	−0.3	0.1	−0.1	−0.2
U_o/V					

*(五)积分运算电路

反相积分电路如图 2.36 所示。在理想化条件下,输出电压

$$u_o(t) = -\frac{1}{R_1 C}\int_0^t u_i \mathrm{d}t + u_C(0)$$

式中,$u_C(0)$ 是 $t=0$ 时刻电容 C 两端的电压值,即初始值。

如果 $u_i(t)$ 是幅值为 E 的阶跃电压,并设 $u_C(0) = 0$,则

$$u_o(t) = -\frac{1}{R_1 C}\int_0^t E \mathrm{d}t = -\frac{E}{R_1 C}t$$

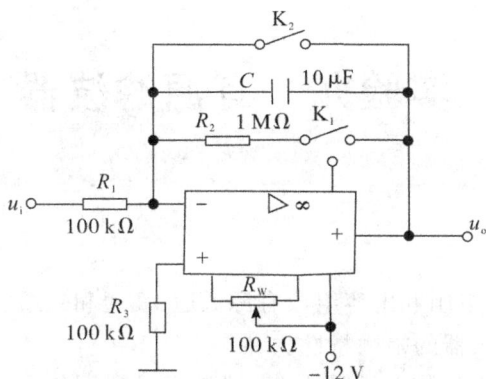

图 2.36 积分运算电路

1. 打开 K_2,闭合 K_1,对运放输出进行调零。

2. 调零完成后,再打开 K_1,闭合 K_2,使 $u_C(0)=0$。

3. 预先调好直流输入电压 $U_i=0.5$ V,接入实验电路,再打开 K_2,然后用直流电压表测量输出电压 U_o,每隔 5 s 读一次 U_o,记入表 2.33 中,直到 U_o 不继续明显增大为止。

表 2.33　数据记录表 5

t/s	0	5	10	15	20	25	30	⋯
U_o/V								

五、实验注意事项

1. 使用前应认真查阅有关手册,了解所用集成运放各引脚排列位置。外接电路时,特别要注意正、负电源端及同相、反相输入端的位置。

2. 输入信号不能过大,过大会损坏器件。

3. 电源电压不能过高,极性不能接反,否则器件容易损坏。

六、预习思考题

1. 复习集成运放线性应用部分内容,并根据实验电路参数计算各电路输出电压的理论值。

2. 写出本实验所用集成块各管脚的作用。

3. 为什么要对集成运放进行调零?

七、实验报告

1. 总结几种比较电路的特点。

2. 整理实验数据并与预习计算值比较。

实验九　有源滤波器

一、实验目的

1. 熟悉用集成运放、电阻和电容组成有源低通、高通和带通、带阻滤波器的原理。
2. 学会测量有源滤波器的幅频特性。
3. 学会根据电路图将各分立元器件连接成实际接线图的方法。

二、实验原理

4 种滤波电路的幅频特性如图 2.37 所示。

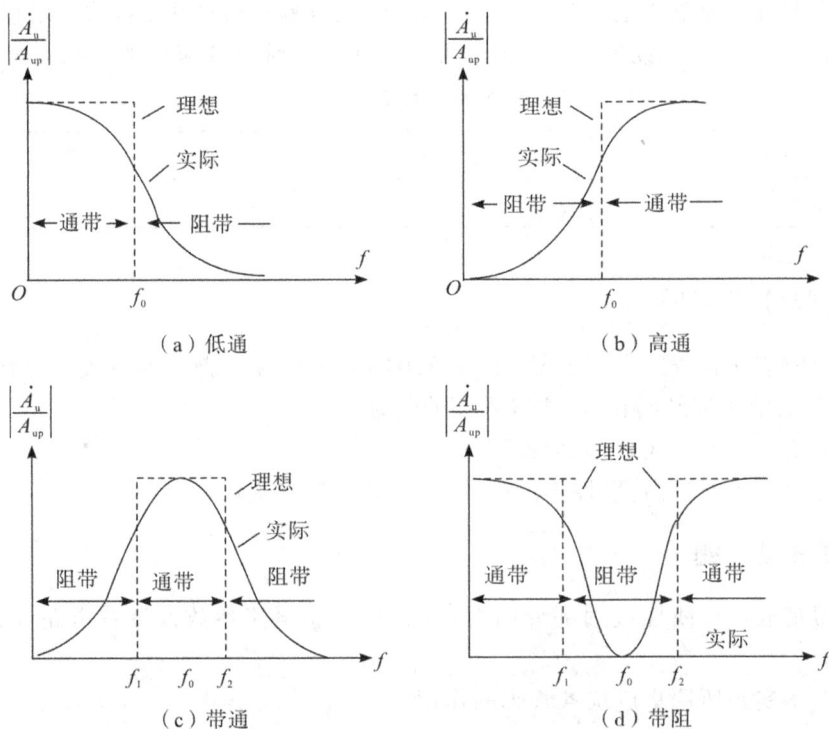

图 2.37　4 种滤波电路的幅频特性示意

(一)低通滤波器

低通滤波器通过低频信号，衰减或抑制高频信号。

二阶低通滤波器的通带增益：

$$A_{up} = 1 + \frac{R_f}{R_1}$$

截止频率：

$$f_0 = \frac{1}{2\pi RC}$$

它是二阶低通滤波器通带与阻带的界限频率。

品质因数：

$$Q = \frac{1}{3 - A_{up}}$$

它的大小影响低通滤波器在截止频率处幅频特性的形状。

(二)高通滤波器

与低通滤波器相反,高通滤波器通过高频信号,衰减或抑制低频信号。

(三)带通滤波器电路性能参数

通带增益：

$$A_{up} = \frac{R_4 + R_f}{R_4 R_1 CB}$$

中心频率：

$$f_0 = \frac{1}{2\pi}\sqrt{\frac{1}{R_2 C^2}\left(\frac{1}{R_1} + \frac{1}{R_3}\right)}$$

通带宽度：

$$B = \frac{1}{C}\left(\frac{1}{R_1} + \frac{2}{R_2} - \frac{R_f}{R_3 R_4}\right)$$

选择性：

$$Q = \frac{\omega_O}{B}$$

这种滤波器的作用是只允许在某一个通频带范围内的信号通过,而比通频带下限频率低和比通频带上限频率高的信号均加以衰减或抑制。

(四)带阻滤波器电路性能参数

通带增益：

$$A_{up} = 1 + \frac{R_f}{R_1}$$

中心频率：

$$f_0 = \frac{1}{2\pi RC}$$

阻带宽度：

$$B = 2(2 - A_{up})f_0$$

选择性：

$$Q = \frac{1}{2(2 - A_{up})}$$

这种电路的性能和带通滤波器相反,即在规定的频带内,信号不能通过(受到很大衰减或抑制),而在其余频率范围信号则能顺利通过。

三、实验设备

实验设备见表2.34。

表 2.34 实验设备

序　号	名　称	型号与规格	数　量	备　注
1	±12 V 直流电源			
2	晶体管毫伏表	DF2175B	1	
3	数字万用表	VC9808+	1	
4	数字存储示波器	GDS-1062	1	
5	函数信号发生器	EE1641B1	1	
6	电阻器、电容器		若干	

四、实验内容

(一)二阶低通滤波器

实验电路如图 2.38(a)所示,幅频特征如图 2.38(b)所示。

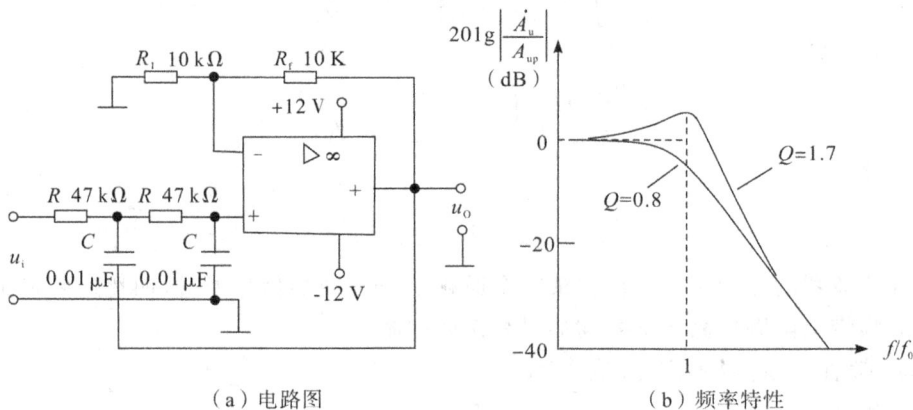

（a）电路图　　　　（b）频率特性

图 2.38　二阶低通滤波器

1. 粗测:接通±12 V 电源,u_i 接函数信号发生器,令其输出为 $U_i=1$ V 的正弦波信号,在滤波器截止频率附近改变输入信号频率,用示波器或交流毫伏表观察输出电压幅度的变化是否具备低通特性,如不具备,应排除电路故障。

2. 在输出波形不失真的条件下,选取适当幅度的正弦输入信号,在维持输入信号幅度不变的情况下,逐点改变输入信号频率,测量输出电压,记入表 2.35 中,描绘频率特性曲线。

表 2.35　数据记录表 1

f/Hz	
U_o/V	

(二)二阶高通滤波器

实验电路如图 2.39(a)所示,幅频特性如图 2.39(b)所示。

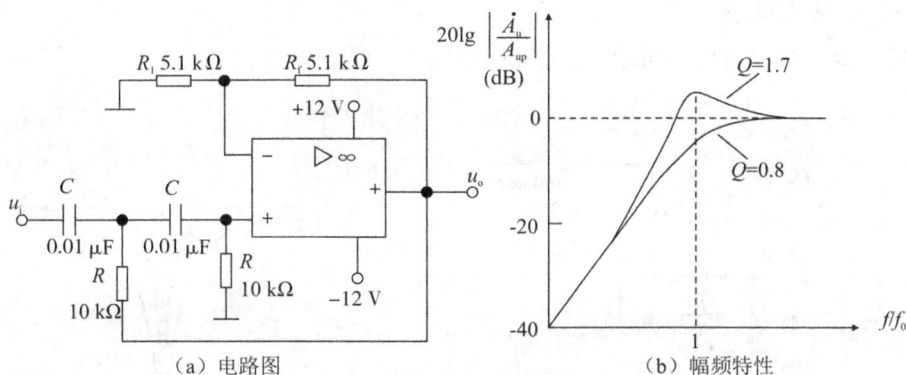

（a）电路图　　　　　　　　　（b）幅频特性

图 2.39　二阶高通滤波器

1. 粗测:输入 $U_i = 1$ V 的正弦波信号,在滤波器截止频率附近改变输入信号频率,观察电路是否具备高通特性。

2. 测绘高通滤波器的幅频特性曲线,记入表 2.36 中。

表 2.36　数据记录表 2

f/Hz	
U_o/V	

（三）带通滤波器

实验电路如图 2.40(a)所示,幅频特性如图 2.40(b)所示。

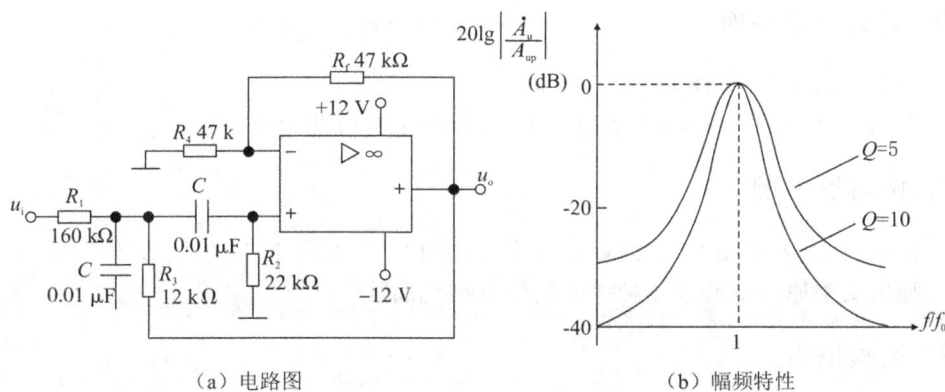

（a）电路图　　　　　　　　　（b）幅频特性

图 2.40　二阶带通滤波器

1. 实测电路的中心频率 f_0。

2. 以实测中心频率为中心,测绘电路的幅频特性,记入表 2.37 中。

表 2.37　数据记录表 3

f/Hz	
U_o/V	

（四）带阻滤波器

实验电路如图 2.41(a) 所示，幅频特性如图 2.41(b) 所示。

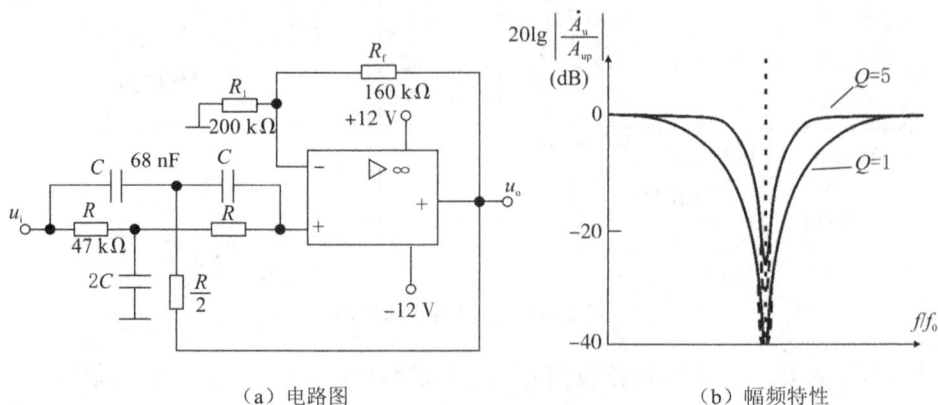

(a) 电路图   (b) 幅频特性

图 2.41 二阶带阻滤波器

1. 实测电路的中心频率 f_0。
2. 测绘电路的幅频特性，记入表 2.38 中。

表 2.38 数据记录表 4

f/Hz	
U_o/V	

五、实验注意事项

1. 不要带电接线、更换元件。
2. 在测量时，任取几个频率值进行测量，但尽量多取几个点。

六、预习思考题

1. 计算图 2.38 和图 2.39 的截止频率以及图 2.40 和图 2.41 的中心频率。
2. 画出实验原理中所述 4 种电路的幅频特性曲线。

七、实验报告

1. 整理实验数据，画出各电路实测的幅频特性。
2. 根据实验曲线，计算截止频率、中心频率、带宽及品质因数。
3. 总结有源滤波电路的特性。

实验十　RC 正弦波振荡电路

一、实验目的

1. 进一步学习 RC 正弦波振荡器的组成及其振荡条件。
2. 学会测量、调试振荡器。

二、实验原理

从结构上看,正弦波振荡器是没有输入信号的带选频网络的正反馈放大器。若用 R、C 元件组成选频网络,就称为 RC 振荡器,一般用来产生 1 Hz～1 MHz 的低频信号,是一种使用十分广泛的 RC 振荡电路。如图 2.42 所示,其中集成运放 A 作为放大电路,它的选频网络是一个由 R、C 元件组成的串并联网络,R_f 为反馈支路。

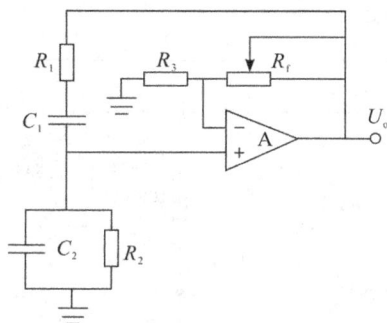

图 2.42　RC 串并联网络振荡器

振荡频率:$f_0 = \dfrac{1}{2\pi RC}$。

起振条件:$|\dot{A}| > 3$。

电路特点:可方便地连续改变振荡频率,便于加负反馈稳幅,容易得到良好的振荡波形。

RC 串并联振荡电路中,只要达到 $|\dot{A}| > 3$,即可满足产生正弦波振荡的起振条件。如果 $|\dot{A}|$ 的值过大,由于振荡超出放大电路的线性放大范围而进入非线性区,输出波形将产生明显的失真。因此,通常在放大电路中引入负反馈以改善振荡波形。在图 2.42 电路中,电阻 R_f 和 R_3 为引入的负反馈,它可以提高放大倍数的稳定性,改善振荡电路的输出波形。改变 R_f 和 R_3 的大小可以调节负反馈深度,R_f 越小,放大电路的电压放大倍数越小;反之,电压放大倍数越大。如果电压放大倍数太小,不能满足 $|\dot{A}| > 3$ 的条件,则振荡电路不能起振;如果电压放大倍数不大,则可能输出幅度太大,使振荡波形产生明显的非线性失真,应调整 R_f 和 R_3 的阻值,使振荡电路产生比较稳定而失真较小的正弦波信号。

三、实验设备

实验设备见表 2.39。

表 2.39　实验设备

序　号	名　　称	型号与规格	数　量	备　注
1	RC 正弦波振荡电路实验电路板		1	
2	晶体管毫伏表	DF2175B	1	
3	数字万用表	VC9808＋	1	
4	数字存储示波器	GDS-1062	1	
5	函数信号发生器	EE1641B1	1	

四、实验内容

（一）RC 串并联选频网络振荡器

RC 串并联选频网络振荡器如图 2.43 所示。

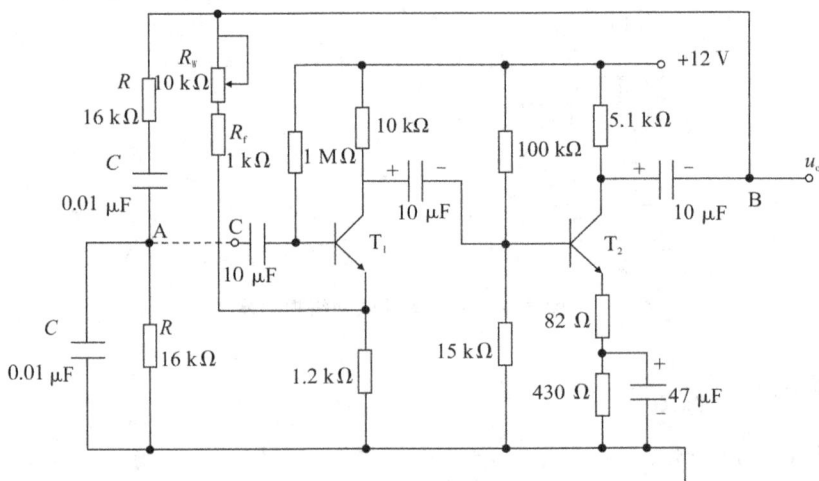

图 2.43　RC 串并联选频网络振荡器

1. 接通＋12 V 电源,断开 RC 串并联网络(即图中的 A 和 C 不连),用数字万用表的直流电压挡测量放大电路的静态工作点,并把数据填入表 2.40 中。

表 2.40　数据记录表 1

	U_C/V	U_B/V	U_E/V
T_1			
T_2			

2. 接通 RC 串并联网络(即把图中的 A 和 C 相连),并将示波器接在电路的输出端。调

节 R_w 电位器使电路起振,用示波器观测输出电压 u_o 波形,再细调 R_w,使获得满意的正弦波形,记录参数填在表 2.41 中并与计算值进行比较。

表 2.41　数据记录表 2

	频率 f/Hz	周期 T/s
理论值		
测量值		

3. 改变 RC 串并联网络中的 R 或 C 值,观察振荡频率变化情况,并把数据填入表 2.42 中。

表 2.42　数据记录表 3

条　件	频　率
未并联电容和电阻时	
并联电容后	
并联电阻后	

4. 保持步骤 2 中的 R_w 不变,断开 RC 串并联网络(即图中的 A 和 C 不连),在放大电路的输入端 C 点加入频率 1 kHz,$U_i = 15$ mV 左右的正弦信号,测出输出电压大小,填入表 2.43 中并计算电压放大倍数。

表 2.43　数据记录表 3

测量值		计算值
U_i(即 U_C)/V	U_o(即 U_B)/V	$A_V = U_o/U_i$

5. RC 串并联网络幅频特性的观察。将 RC 串并联网络与放大电路断开(即断开图中的 A 和 C 之间的连线),把函数信号发生器接到 RC 串并联网络的 B 点,示波器接到 A 点,保持输入信号的幅度不变(即 $U_i = 1$ V),调节函数信号发生器的频率旋钮使频率按表 2.44 的要求由低到高变化,RC 串并联网络输出幅值将随之变化,分别测量不同频率点的输出电压,记录在下表 2.44 中,并绘制幅频特性曲线。

表 2.44　数据记录表 4

f/Hz	100	200	500	1000	2 k	4 k	8 k
U_o/V							

五、实验注意事项

1. 本实验采用两级共射极分立元件放大器组成 RC 正弦波振荡器,操作过程中应妥善保管好元器件。

2. 在调节电位器 R_w 时,应慢点调,以便得到较好的波形。

六、预习思考题

1. 在 RC 振荡电路中,为什么调节电位器 R_W 能改变输出信号的幅度?
2. 什么是振荡电路,此振荡电路用不用加输入信号?

七、实验报告

1. 由给定电路参数计算振荡频率,并与实测值比较,分析误差产生的原因。
2. 总结 RC 振荡器的特点。
3. 画出 RC 串并联网络幅频特性曲线。

实验十一 低频功率放大器

一、实验目的

1. 学会分析推挽式无输出变压器(output transformerless,OTL)功率放大器的工作原理,掌握消除交越失真的方法。

2. 掌握 OTL 电路的调试过程,学会电路主要性能指标的测试方法。

二、实验原理

图 2.44 所示为 OTL 低频功率放大器实验电路(即乙类互补对称电路)。OTL 低频功率放大器是目前广泛应用的无变压器乙类推挽放大器,是一种性能很好的功率放大器,由晶体三极管 T_1 组成推动级(也称前置放大级),T_2、T_3 是一对参数对称的 NPN 和 PNP 型晶体三极管,它们组成互补推挽 OTL 功放电路。由于每一个管子都接成射极输出器形式,因此具有输出电阻低、负载能力强等优点,适合于做功率输出级。T_1 管工作于甲类状态,它的集电极电流 I_{C1} 由电位器 R_{W1} 进行调节。I_{C1} 的一部分流经电位器 R_{W2} 及二极管 D,给 T_2、T_3 提供偏压。调节 R_{W2},可以使 T_2、T_3 得到合适的静态电流而工作于甲、乙类状态,以克服交越失真。静态时,调节 R_{W1} 使 A 的电位 $U_A = \frac{1}{2}U_{CC}$,输出耦合电容 C_0 上的电压即为 A 点和"地"之间的电位差,也是 $\frac{1}{2}U_{CC}$。又由于 R_{W1} 的一端接在 A 点,因此在电路中引入交、直流电压并联负反馈,一方面能够稳定放大器的静态工作点,另一方面改善了非线性失真。

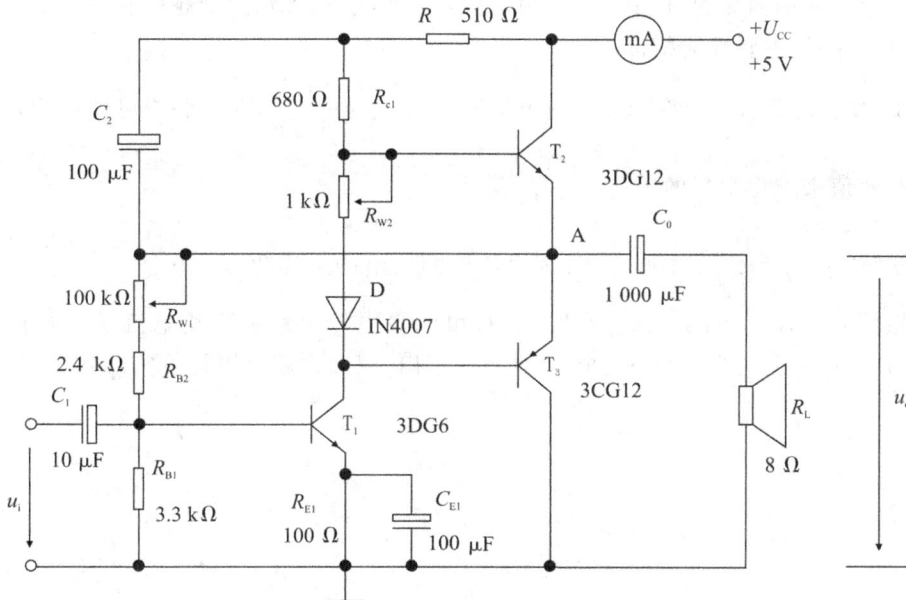

图 2.44 OTL 功率放大器实验电路

当输入正弦交流信号 u_i 时，经 T_1 放大、倒相后同时作用于 T_2、T_3 的基极，u_i 的正半周使 T_3 管导通（T_2 管截止），于是 T_3 以射极输出的形式将信号传递给负载，有电流通过负载 R_L，同时向电容 C_0 充电，因为 C_0 电容量大，其上的电压基本不变，维持在 $\frac{1}{2}U_{CC}$；在 u_i 的负半周时，T_2 导通（T_3 截止），则已充好电的电容器 C_0 起着电源的作用，通过负载 R_L 放电，这样在 R_L 上就得到完整的正弦波。

C_2 和 R 构成自举电路，用于提高输出电压正半周的幅度，以得到大的动态范围。

在乙类互补对称电路中，当输入信号在正、负半周过零的一段时间内，由于发射结存在"死区"，因此两管都处于截止状态。T_2 和 T_3 管的实际导通时间均小于半个周期，因此在这段区域内的输出仍为零，出现了如图 2.45 所示的交越失真现象。

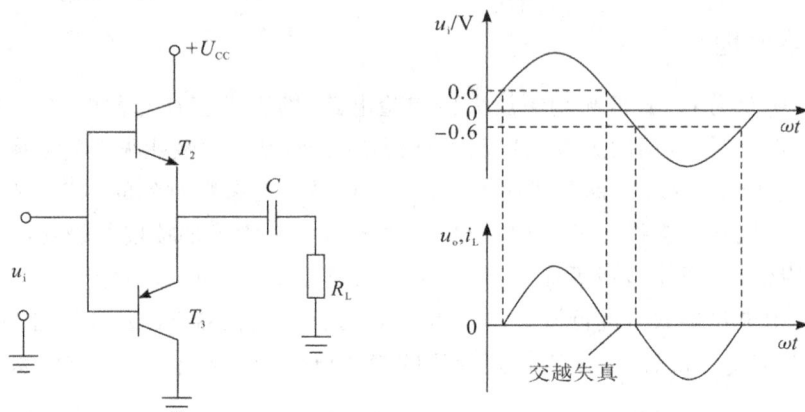

图 2.45　交越失真波形

为了消除交越失真，可在 T_2 和 T_3 管的基极和发射极之间接入二极管，利用二极管的正向压降为 T_2、T_3 提供稍大于两管发射结的偏置电压，这样，在输入信号的作用下，两管均能在大于半个周期内导通，使其工作在甲、乙类工作状态，以消除交越失真。

OTL 电路的主要性能指标：

1. 最大不失真输出功率 P_{om}。理想情况下，$P_{om}=\dfrac{1}{8}\dfrac{U_{CC}^2}{R_L}$，在实验中可通过测量 R_L 两端的电压有效值来求得实际的 $P_{om}=\dfrac{U_o^2}{R_L}$。

2. 效率 η。$\eta=\dfrac{P_{om}}{P_E}\times 100\%$（$P_E$ 为直流电源供给的平均功率）。

理想情况下，$\eta_{max}=78.5\%$。在实验中，可测量电源供给的平均电流 I_{dC}，从而求得 $P_E=U_{CC}\cdot I_{dC}$，负载上的交流功率已用上述方法求出，因而也就可以计算实际效率了。

三、实验设备

实验设备见表 2.45。

表 2.45 实验设备

序 号	名 称	型号与规格	数 量	备 注
1	低频功率放大器实验电路板		1	
2	晶体管毫伏表	DF2175B	1	
3	数字万用表	VC9808+	1	
4	数字存储示波器	GDS-1062	1	
5	函数信号发生器	EE1641B1	1	

四、实验内容

(一)静态工作点的测试

按图 2.44 所示连接实验电路,电位器 R_{W2} 置最小值(即顺时针旋到底),R_{W1} 置中间位置。接通+5 V 电源,同时用手触摸输出级管子,若电流过大,或管子温升显著,应立即断开电源检查原因;无异常现象,则可开始调试。

调节电位器 R_{W1},用数字万用表直流电压挡测量 A 点电位,使 $U_A = \frac{1}{2}U_{CC}$。

先使 $R_{W2}=0$,在输入端接入 $f=1$ kHz 的正弦信号 u_i,再逐渐加大输入信号的幅值,此时,输出波形应出现较严重的交越失真(注意:没有饱和和截止失真),然后缓慢增大 R_{W2},当交越失真刚好消失时,停止调节 R_{W2},恢复 $u_i=0$。测量各级静态工作点,记入表 2.46 中。

表 2.46 数据记录表 1

	T_1	T_2	T_3
U_B/V			
U_C/V			
U_E/V			

(二)最大输出功率 P_{om}

输入端接 $f=1$ kHz 的正弦信号 u_i,信号源衰减选 40 dB,输出端用示波器观察输出电压 u_0 波形。逐渐增大 u_i,使输出电压达到最大不失真输出,用交流毫伏表测出负载 R_L 上的电压 U_{om},则 $P_{om}=U_{om}^2/R_L$。

(三)频率响应的测试

R_L 不接输入端而接正弦信号并保持输入信号 u_i 的幅度不变,改变信号源频率 f,逐点测出相应的输出电压 U_o,记入表 2.47 中。

表 2.47　数据记录表 2

	f_L			f_0		f_H		
f/Hz				1 000				
U_o/V								
A_V								

五、实验注意事项

1. 在频率响应测试时,为保证电路的安全,应在较低电压下进行,通常取输入信号为输入灵敏度的 50%。在整个测试过程中,应保持 U_i 为恒定值,且输出波形不得失真。

2. 测静态工作点在调整 R_{W2} 时,要注意旋转方向,不要调得过大,更不能开路,以免损坏输出管。

3. 输出管静态电流调好,如无特殊情况,不得随意旋动 R_{W2} 的位置。

六、预习思考题

1. 交越失真产生的原因是什么?怎样克服交越失真?

2. 图中 C_2 和 R 构成什么电路?作用是什么?

七、实验报告

1. 整理实验数据,计算静态工作点、最大不失真输出功率等,并与理论值进行比较。

2. 按(三)中的测量数据画出频率响应曲线。

实验十二　LC正弦波振荡器

一、实验目的

1. 掌握变压器反馈式LC正弦波振荡器的调整和测试方法。
2. 分析电路参数对LC振荡器起振条件及输出波形的影响。

二、实验原理

LC正弦波振荡器是用L、C元件组成选频网络的振荡器,一般用来产生1 MHz以上的高频正弦信号。根据LC调谐回路的不同连接方式,LC正弦波振荡器又可分为变压器反馈式(或称互感耦合式)、电感三点式和电容三点式3种。图2.46所示为变压器反馈式LC正弦波振荡器的实验电路,其中晶体三极管T_1组成共射放大电路,变压器Tr的原绕组L_1(振荡线圈)与电容C组成调谐回路,它既作为放大器的负载,又起选频作用,副绕组L_2为反馈线圈,L_3为输出线圈。

该电路是靠变压器原、副绕组同名端的正确连接来满足自激振荡的相位条件,即满足正反馈条件。在实际调试中,可以通过把振荡线圈L_1或反馈线圈L_2的首末端对调来改变反馈的极性。而振幅条件的满足,一是靠合理选择电路参数,使放大器建立合适的静态工作点;其次是改变线圈L_2的匝数,或它与L_1之间的耦合程度,以得到足够强的反馈量。稳幅作用是利用晶体管的非线性来实现的。由于LC并联谐振回路具有良好的选频作用,因此输出电压波形一般失真不大。

LC振荡器通常用LC并联谐振回路作为选频网络,所以其振荡频率即为谐振频率。振荡器的振荡频率由谐振回路的电感和电容决定,即

$$f_0 = \frac{1}{2\pi\sqrt{LC}}$$

三、实验设备

实验设备见表2.48。

表2.48　实验设备

序　号	名　　称	型号与规格	数　量	备　注
1	+12 V直流电源			
2	晶体管毫伏表	DF2175B	1	
3	数字万用表	VC9808+	1	
4	数字存储示波器	GDS-1062	1	
5	函数信号发生器	EE1641B1	1	
6	振荡线圈			
7	晶体三极管	3DG6、3DG12	各1只	
8	电阻器、电容器		若干	

四、实验内容

按图 2.46 所示连接实验电路,电位器 R_w 置最大位置,振荡电路的输出端接示波器。

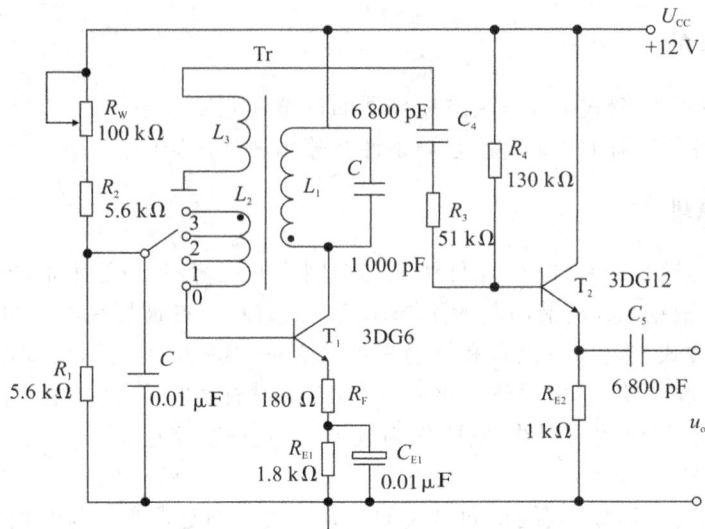

图 2.46 LC 正弦波振荡器实验电路

(一)静态工作点的调整

1. 接通 $U_{CC}=+12$ V 的电源,调节电位器 R_w,使输出端得到不失真的正弦波形,如不起振,可改变 L_2 的首末端位置使之起振。

测量两管的静态工作点及正弦波的有效值 U_o,记入表 2.49 中。

表 2.49 数据记录表 1

		U_B/V	U_E/V	U_C/V	I_C/mA	U_o/V	u_o波形
R_w居中	T_1						
	T_2						
R_w小	T_1						
	T_2						
R_w大	T_1						
	T_2						

2. 把 R_w 调小,观察输出波形的变化,测量有关数据,记入表 2.49 中。

3. 调大 R_w,使振荡波形刚刚消失,测量有关数据,记入表 2.49 中。

根据以上 3 组数据,分析静态工作点对电路起振、输出波形幅度和失真的影响。

(二)测量振荡频率

调节 R_w 使电路正常起振,同时用示波器和频率计测量表 2.50 所列的两种情况下的振荡频率 f_0,记入表 2.50 中。

表 2.50　数据记录表 2

C/pF	1 000	100
f_0/kHz		

五、实验注意事项

1. 本实验采用两级分立元件放大器组成 LC 正弦波振荡器,操作过程中应妥善保管好元器件。

2. 注意电源安全,装和拆的过程中都应断电操作。

六、预习思考题

1. LC 正弦波振荡器的相位条件和幅值条件是什么?

2. 怎么用瞬时极性法判断电路中有正反馈?

七、实验报告

1. 讨论实验中发现的问题及解决办法。

2. 电路参数对 LC 振荡器起振条件及输出波形的影响。

第五章　综合性实验

实验十三　串联型晶体管稳压电源

一、实验目的

1. 研究单相桥式整流和电容滤波电路的特性。
2. 掌握串联型晶体管稳压电源主要技术指标的测试方法。

二、实验原理

串联型稳压电路是直流稳压电源中的一种,由调整元件、比较放大器、基准电路和取样电路等组成,其结构框图如图 2.47 所示。相对于输入电压而言,调整元件和负载是串联关系。

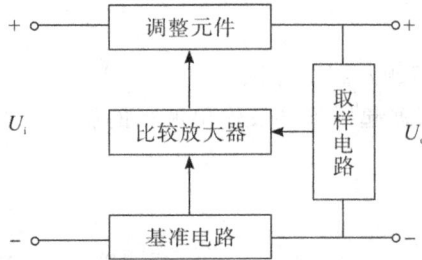

图 2.47　稳压电路结构

串联稳压电路可用图 2.48 所示电路来说明,图中 R_1 为调整管 T_1、T_2 基极偏置电阻和比较放大管 T_3 集电极负载电阻,T_1、T_2 为复合三极管,通过改变 T_1 管压降大小来调整输出电压高低。R_2 为限流电阻,R_2 与 D_Z 构成基准电路,为 T_3 提供射极基准电压。R_3、R_4、R_5 构成取样电路,当输出电压 U_o 发生变化时,取样电阻将变化量的一部分送到比较放大管的基极,基极电压能反映输出电压的变化。当电网电压升高时,$U_o \uparrow \to T_3(U_{BE}) \uparrow \to T_3(I_B) \uparrow \to T_3(I_C) \uparrow \to T_3(U_{CE}) \downarrow \to T_2(U_{BE}) \downarrow \to T_1(U_{BE}) \downarrow \to T_1(I_B) \downarrow \to T_1(I_C) \downarrow \to T_1(U_{CE}) \uparrow \to U_o \downarrow$。

输出电压 U_o 和输出电压调节范围为

$$U_{omin} = (U_Z + U_{BE}) \times \frac{R_3 + R_4 + R_5}{R_4 + R_5}$$

$$U_{omax} = (U_Z + U_{BE}) \times \frac{R_3 + R_4 + R_5}{R_5}$$

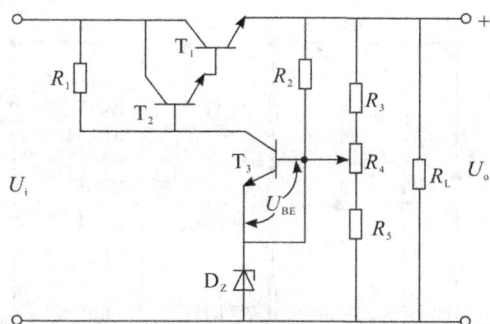

图 2.48 简单的串联型稳压电路

式中,U_Z 为稳压管的稳压值;U_{BE} 为比较放大管 T_3 发射结电压。

三、实验设备

表 2.51 实验设备

序 号	名 称	型号与规格	数 量	备 注
1	可调工频电源	输出 9~15 V	1	
2	双踪示波器	GDS-1062	1	
3	晶体管毫伏表	DF2175B	1	
4	数字万用表	VC9808+	1	
5	滑线变阻器	200 Ω/1 A	1	
6	晶体三极管	3DG6(9011)	2	
7	晶体二极管	3DG12(9013)	1	
8	稳压管	IN4007×4 IN4735×1	5	
9	电阻器、电容器	自选	若干	

四、实验内容

查找相关资料,分析由分立元件组成的串联稳压电路的工作原理。根据图 2.49 所示电路,先选择好元器件,利用分立元件自己搭建电路,检查无误后接通电源,自拟表格测试电路的有关参数。

五、实验注意事项

1. 本实验采用分立元件组建电路,操作过程中应妥善保管好元器件,以防丢失。
2. 注意电源安全,装和拆的过程中都应断电操作。

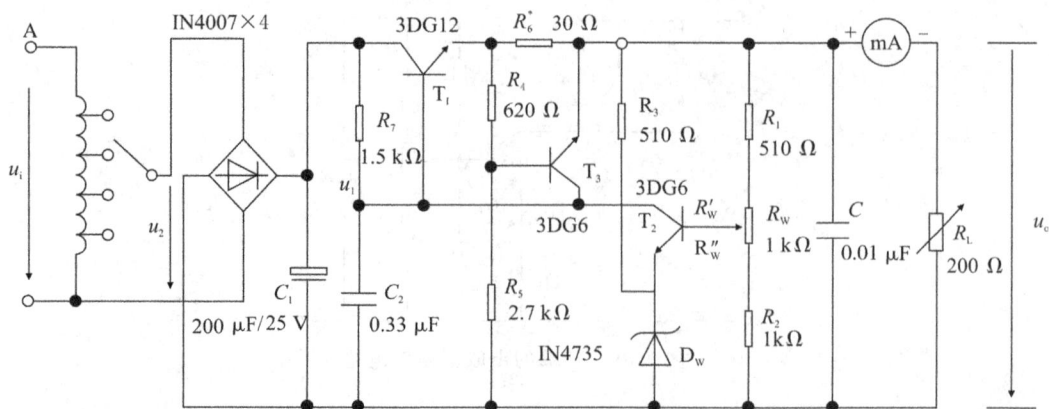

图 2.49 串联型稳压电路

六、预习思考题

1. 算出图 2.48 所示的稳压电路的输出电压范围。

2. 在图 2.49 电路中，T_2 的作用是什么？

七、实验报告

1. 讨论实验中发现的问题及解决办法。

2. 根据所测的数据计算有关参数。

实验十四　简易集成函数信号发生器的组装

一、实验目的

1. 了解单片多功能集成电路函数信号发生器的功能及特点。
2. 进一步掌握波形参数的测试方法。
3. 掌握分立元件的安装及电路的调试过程。

二、实验原理

ICL-8038 是单片集成函数信号发生器,只需调整个别的外部组件就能产生从 0.001 Hz～300 kHz 的低失真正弦波、三角波、矩形波等脉冲信号,输出波形的频率和占空比还可以由电流或电阻控制。另外,由于该芯片具有调频信号输入端,因此可以用来对低频信号进行频率调制。其内部框图如图 2.50 所示,由恒流源 I_1 和 I_2、电压比较器 A 和 B、触发器、缓冲器、三角波变正弦波电路等组成。

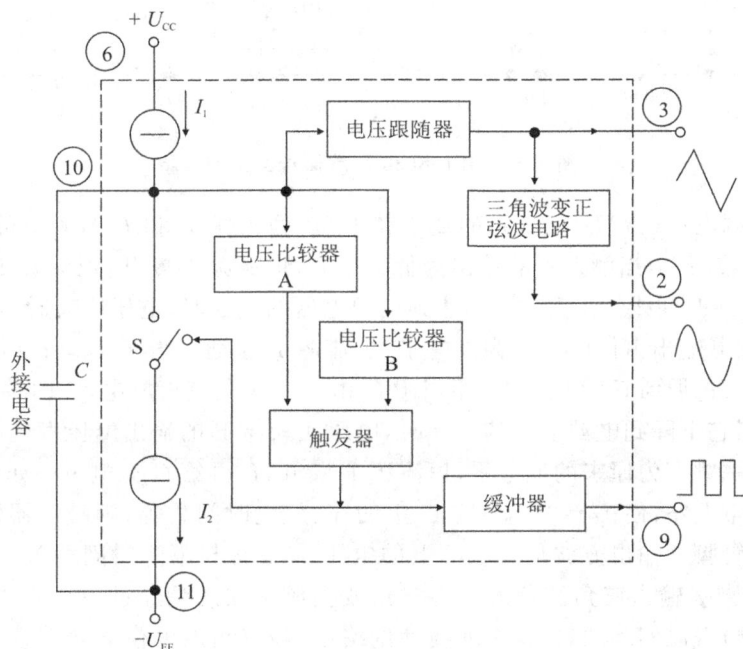

图 2.50　ICL-8038 内部结构示意

1. ICL-8038 管脚功能图如图 2.51 所示。
2. 实验电路如图 2.52 所示。

恒流源 I_1 和 I_2 主要用于对外接电容 C 进行充电和放电,可利用 4、5 脚外接电阻调整恒流源的电流,以改变电容 C 的充放电时间常数,从而改变 10 脚的电压。电压比较器 A、B 的

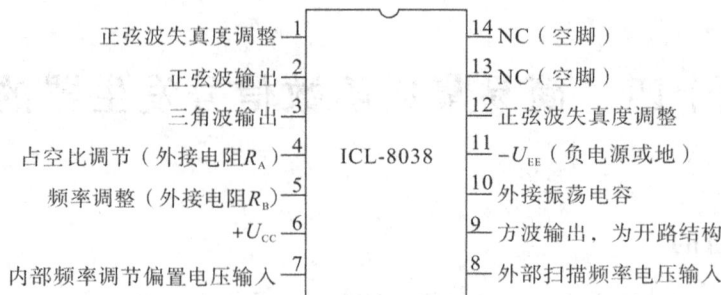

图 2.51　ICL-8038 管脚

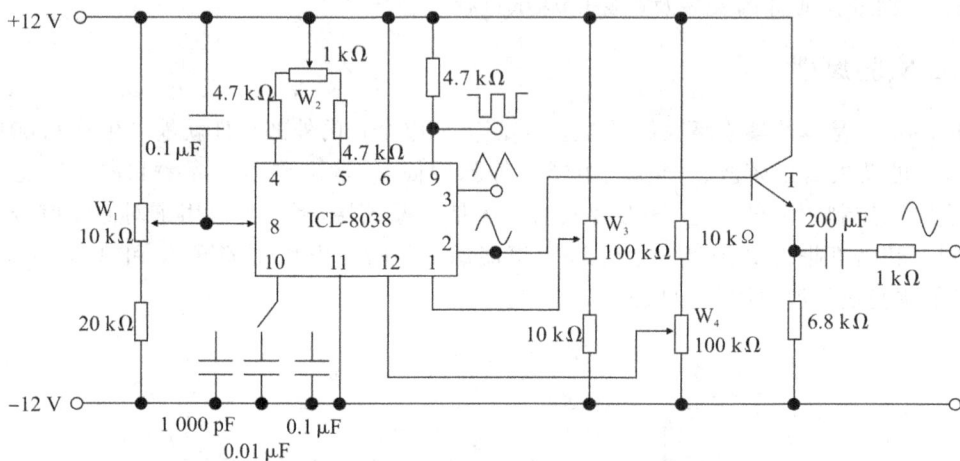

图 2.52　ICL-8038 函数信号发生器电路

阈值分别为电源电压(指 $U_{CC}+U_{EE}$)的 2/3 和 1/3。恒流源 I_1 和 I_2 的大小可通过外接电阻调节,但必须 $I_2>I_1$。当触发器的输出为低电平时,恒流源 I_2 断开,恒流源 I_1 给 C 充电,它的两端电压 u_C 随时间线性上升,当 u_C 达到电源电压的 2/3 时,电压比较器 A 的输出电压发生跳变,使触发器输出由低电平变为高电平,恒流源 I_2 接通。由于 $I_2>I_1$(设 $I_2=2I_1$),恒流源 I_2 将电流 $2I_1$ 加到 C 上反充电,相当于 C 由一个净电流 I 放电,C 两端的电压 u_C 又转为直线下降,当它下降到电源电压的 1/3 时,电压比较器 B 的输出电压发生跳变,使触发器的输出由高电平跳变为原来的低电平,恒流源 I_2 断开,I_1 再给 C 充电……如此周而复始,产生振荡。若调整电路,使 $I_2=2I_1$,电容 C 上的充、放电时间相等,则触发器输出为方波,经反相缓冲器由管脚 9 输出方波信号。C 上的电压 u_C 上升与下降时间相等,为三角波,经电压跟随器从管脚 3 输出三角波信号。将三角波变成正弦波是经过一个非线性的变换网络(正弦波变换器)得以实现的,在这个非线性网络中,当三角波电位向两端顶点摆动时,网络提供的交流通路阻抗会减小,这样就使三角波的两端变为平滑的正弦波,从管脚 2 输出。若恒流源 I_1、I_2 的电流不满足上述关系,则 3 脚输出非对称的锯齿波,2 脚输出非对称的正弦波,9 脚输出占空比为 2%~98% 的脉冲波形。另外,改变恒流源 I 的大小,即可改变振荡信号的频率。

　　适当选择外部的电阻 R_A、R_B 和 C 可以满足方波函数等信号在频率、占空比调节的全部范围。因此,对两个恒流源在 I 和 $2I$ 电流不对称的情况下,可以循环调节,从最小到最大任意选择调整,只要调节电容器充、放电时间不相等,就可获得锯齿波等函数信号。

三、实验设备

实验设备见表2.52。

表 2.52　实验设备

序　号	名　称	型号与规格	数　量	备　注
1	直流电源	±12 V	1	
2	数字存储示波器	GDS-1062	1	
3	数字万用表	VC9808＋		
4	集成芯片	ICL-8038	1	
5	晶体三极管	3DG12(9013)	1	
6	电位器、电阻器、电容器等	自选	若干	

四、实验内容

1. 按图 2.52 所示的电路图组装电路,并检查接线直至无误,取 $C = 0.01\ \mu F$,W_1、W_2、W_3、W_4 均置中间位置。

2. 接通电源并将示波器接在 9 脚。调整电路,使其处于振荡并产生方波,通过调整电位器 W_2,使方波的占空比达到 50％。

3. 保持方波的占空比为 50％不变,用示波器观测 ICL-8038 的 2 脚正弦波输出端的波形,反复调整 W_3、W_4,使正弦波不产生明显的失真。

4. 调节电位器 W_1,使输出信号从小到大变化,记录管脚 8 的电位及测量输出正弦波的频率,自拟表格记录之。

5. 改变外接电容 C 的值(取 $C = 0.1\ pF$ 和 1 000 pF),观测 3 种输出波形,并与 $C = 0.01\ \mu F$ 时测得的波形进行比较,自拟表格画出波形,并得出结论。

6. 改变电位器 W_2 的值,观测 3 种输出波形,并得出结论。

五、实验注意事项

1. 本次实验所用器件均为分立元件,安装时应保管好,防止丢失。

2. 安装电路时,应使元器件安置的位置不要太紧密,防止出现短路故障。

六、预习思考题

1. 查阅 ICL-8038 相关资料,列出管脚功能图。

2. 如何改变波形的占空比?

七、实验报告

1. 分别画出 $C = 0.1\ \mu F$,$C = 0.01\ \mu F = 1\ 000\ pF$ 时所观测到的方波、三角波和正弦波的波形图,从中得出什么结论。

2. 整理 C 取不同值时,3 种波形的频率和幅值的数据。

实验十五　波形发生器

一、实验目的

1. 学习用集成运放组成正弦波、方波和三角波发生器。
2. 掌握波形发生器电路的调试和主要参数的测试方法。

二、实验原理

由集成运放组成的正弦波、方波和三角波发生器有多种形式,本实验选用最常用的、线路比较简单的几种电路加以分析。

(一)RC桥式正弦波振荡器(文氏电桥振荡器)

图 2.53 所示为 RC 桥式正弦波振荡器,其中 R、C 串、并联电路构成正反馈支路,同时兼作选频网络,R_1、R_2、R_w、二极管等元件构成负反馈和稳幅环节。调节电位器 R_w,可以改变负反馈深度,以满足振荡的振幅条件和改善波形。利用两个反向并联二极管 D_1、D_2 正向电阻的非线性特性来实现稳幅。D_1、D_2 采用硅管(温度稳定性好),且要求特性匹配,才能保证输出波形正、负半周对称。R_3 的接入是为了削弱二极管非线性的影响,以改善波形失真。

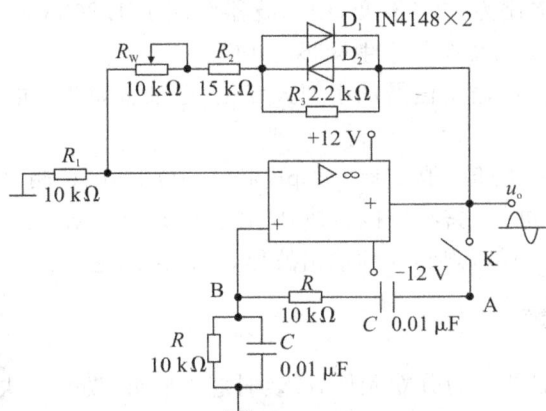

图 2.53　RC 桥式正弦波振荡器

电路的振荡频率:

$$f_0 = \frac{1}{2\pi RC}$$

起振的幅值条件:

$$R_f \geqslant 2R_1$$

式中,$R_f = R_w + R_2 + (R_3 // r_D)$,$r_D$ 指二极管正向导通电阻。

调整反馈电阻 R_f(调 R_w),使电路起振,且波形失真最小。若不能起振,则说明负反馈太强,应适当加大 R_f。若波形失真严重,则应适当减小 R_f。

改变选频网络的参数 C 或 R，即可调节振荡频率。一般采用改变电容 C 进行频率量程切换，而调节 R 进行量程内的频率细调。

（二）方波发生器

由集成运放组成的方波发生器和三角波发生器，一般均包括比较器和 RC 积分器两大部分。图 2.54 所示为由滞回比较器及简单 RC 积分电路组成的方波-三角波发生器。它的特点是线路简单，但三角波的线性度较差，主要用于产生方波，或对三角波要求不高的场合。

电路振荡频率：

$$f_0 = \frac{1}{2R_f C_f \ln\left(1 + \frac{2R_2}{R_1}\right)}$$

式中，$R_1 = R_1' + R_w'$，$R_2 = R_2' + R_w''$。

方波输出幅值：

$$U_{om} = \pm U_Z$$

三角波输出幅值

$$U_{om} = \frac{R_2}{R_1 + R_2} U_Z$$

调节电位器 R_w（即改变 R_2/R_1），可以改变振荡频率，但三角波的幅值也随之变化。若要互不影响，则可通过改变 R_f（或 C_f）来实现振荡频率的调节。

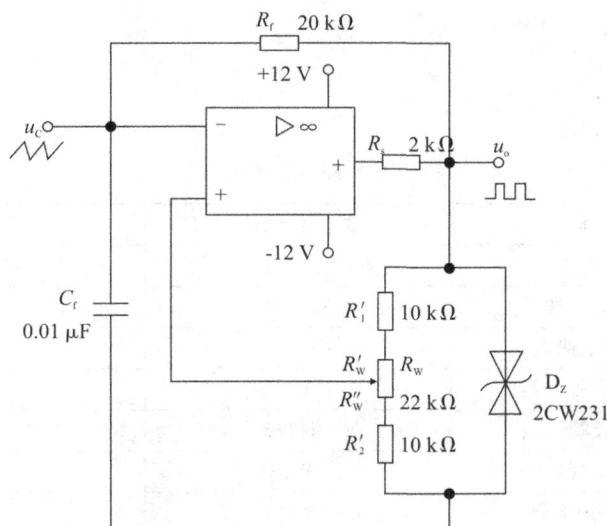

图 2.54　方波发生器

（三）三角波和方波发生器

若把滞回比较器和积分器首尾相接形成正反馈闭环系统，如图 2.55 所示，则比较器 A_1 输出的方波经积分器 A_2 积分可得到三角波，三角波又触发比较器自动翻转形成方波，这样即可构成三角波-方波发生器。图 2.56 所示为方波-三角波发生器输出波形图。由于采用运放组成的积分电路，因此可实现恒流充电，大大改善三角波的线性。

电路振荡频率：

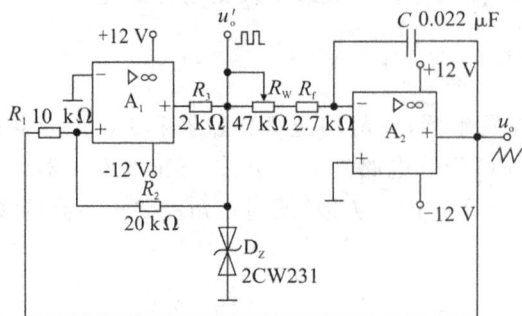

图 2.55　方波-三角波发生器

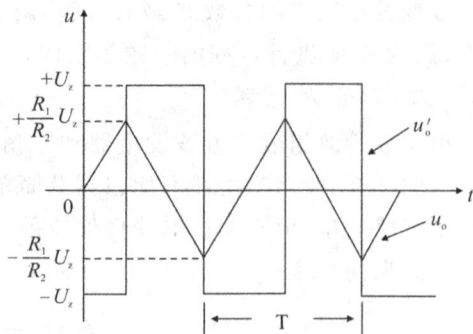

图 2.56　方波-三角波发生器输出波形

$$f_0 = \frac{R_2}{4R_1(R_f+R_w)C_f}$$

方波幅值：

$$U'_{om} = \pm U_z$$

三角波幅值：

$$U_{om} = \frac{R_1}{R_2}U_z$$

调节 R_w 可以改变振荡频率，改变比值 $\frac{R_1}{R_2}$ 可调节三角波的幅值。

三、实验设备

实验设备见表 2.53。

表 2.53　实验设备

序　号	名　称	型号与规格	数　量	备　注
1	直流电源	±12 V	1	
2	数字存储示波器	GDS-1062	1	
3	晶体管毫伏表	DF217513	1	
5	集成运算放大器	μA741	2	
6	二极管	IN4148	2	
7	稳压管	2CW231	1	
8	电阻器、电容器	自选	若干	

四、实验内容

（一）RC 桥式正弦波振荡器

按图 2.53 所示连接实验电路，接通常开关 K。

1. 接通 ±12 V 电源，示波器接 u_o 端，调节电位器 R_w，使输出波形从无到有，从正弦波到出现失真。记录 u_o 的波形，记下临界起振、正弦波输出及失真情况下的 R_w 值，分析负反馈强弱对起振条件及输出波形的影响。

2. 调节电位器 R_w，使输出电压 u_o 幅值最大且不失真，用交流毫伏表分别测量输出电

压 U_o、反馈电压 U_+ 和 U_-,分析研究振荡的幅值条件。

3. 用示波器或频率计测量振荡频率 f_0,然后在选频网络的两个电阻 R 上并联同一阻值电阻,观察并记录振荡频率的变化情况,并与理论值进行比较。

4. 断开二极管 D_1、D_2,重复步骤 2 的内容,将测试结果与其进行比较,分析 D_1、D_2 的稳幅作用。

5. RC 串并联网络幅频特性观察。

将 RC 串并联网络与运放断开(即将开关 K 断开),将函数信号发生器接到 RC 串并联网络的输入端(即图 2.53 的 A 点),输出幅度调至 3 V 左右正弦信号,并用示波器同时观察 RC 串并联网络输入(即 A 点)、输出(即 B 点)波形。保持输入幅值(3 V)不变,从低到高改变频率,当信号源达到某一频率时,RC 串并联网络输出将达最大值(约 1 V),且输入、输出同相位,此时的信号源频率

$$f = f_0 = \frac{1}{2\pi RC}$$

自拟表格测试数据,并根据所测的数据画出幅频特性曲线。

(二)方波发生器

1. 按图 2.54 所示连接实验电路,将电位器 R_W 调至中心位置,用示波器观察并描绘方波 u_o 及三角波 u_C 的波形(注意对应关系),测量其幅值及频率,自拟表格记录数据。

2. 改变 R_W 动点的位置,观察 u_o、u_C 幅值及频率变化情况。把动点调至最上端和最下端,测出频率范围,自拟表格记录数据。

3. 将 R_W 恢复至中心位置,将一只稳压管短接,观察 u_o 波形,分析 D_Z 的限幅作用。

(三)三角波和方波发生器

按图 2.55 所示连接实验电路。

1. 将电位器 R_W 调至合适位置,用双踪示波器观察并描绘三角波输出 u_o 及方波输出 u'_o,测其幅值、频率及 R_W 值,自拟表格记录数据。

2. 改变 R_W 的位置,观察对 u_o、u'_o 幅值及频率的影响。

3. 改变 R_1(或 R_2),观察对 u_o、u'_o 幅值及频率的影响。

五、实验注意事项

1. 本次实验所用器件均为分立元件,安装时应保管好,防止丢失。

2. 调节电位器 R_W 时应缓慢调节,方可得到最佳的波形。

六、预习思考题

1. 复习有关 RC 正弦波振荡器、三角波及方波发生器的工作原理,并估算图 2.53～图 2.55 所示电路的振荡频率。

2. 为什么在 RC 正弦波振荡电路中要引入负反馈支路?为什么要增加二极管 D_1 和 D_2?它们是怎样稳幅的?

七、实验报告

1. 列表整理实验数据,画出波形,把实测频率与理论值进行比较。

2. 通过测量的数据及波形分析电路参数变化(R_1、R_2 和 R_W)对输出波形频率及幅值的影响。

实验十六　晶闸管可控整流电路

一、实验目的

1. 熟悉单结晶体管和晶闸管的特性与参数的测试方法。
2. 学会分析单结晶体管触发电路的工作原理及调试方法。
3. 掌握用单结晶体管触发电路控制晶闸管调压电路的方法。

二、实验原理

1. 图 2.57 所示为单结晶体管 BT33 管脚排列、结构图及电路符号。好的单结晶体管 PN 结正向电阻 R_{EB1}、R_{EB2} 均较小，且 R_{EB1} 稍大于 R_{EB2}，PN 结的反向电阻 R_{B1E}、R_{B2E} 均应很大，根据所测阻值，即可判断出各管脚及管子的质量优劣。

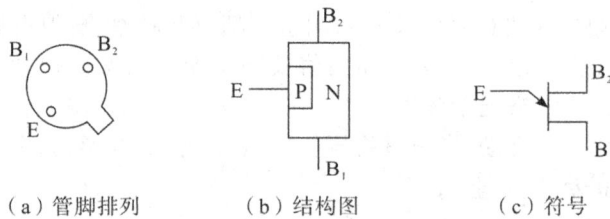

（a）管脚排列　　　　（b）结构图　　　　（c）符号

图 2.57　单结晶体管 BT33 管脚排列、结构图及电路符号

2. 单结晶体管典型应用电路——自激振荡电路。

利用单结晶体管的负阻特性和 RC 电路的充放电特性，可以组成单结晶体管自激振荡电路，如图 2.58 所示。

（1）电源接通后，E 通过电阻 R_e 对电容 C 充电，充电时间常数为 R_eC。

（2）当电容电压达到单结晶体管的峰点电压 U_p 时，单结晶体管进入负阻区，并很快饱和导通，电容 C 通过 eb_1 结向电阻 R_1 放电，在 R_1 上产生脉冲电压 u_R。

（3）此后 C 又开始下一次充电，重复上述过程。由于放电时间常数 $(R_1+r_{b1})C$ 远远小于充电时间常数 R_eC，故在电容两端得到的是锯齿波电压，在电阻 R_1 上得到的是尖脉冲电压。

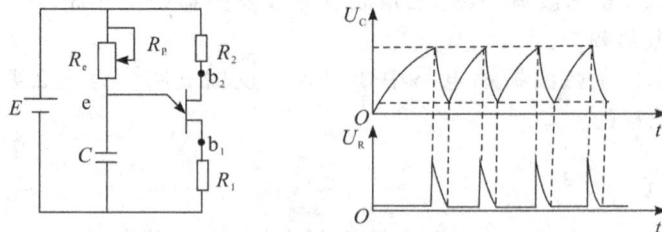

图 2.58　单结晶体管自激振荡电路

3. 图 2.59 所示为晶闸管 3CT3A 管脚排列、结构图及电路符号。晶闸管阳极（A）—阴极（K）及阳极（A）—门极（G）之间的正、反向电阻 R_{AK}、R_{KA}、R_{AG}、R_{GA} 均应很大，而 G—K 之间为一个 PN 结，PN 结正向电阻应较小，反向电阻应很大。

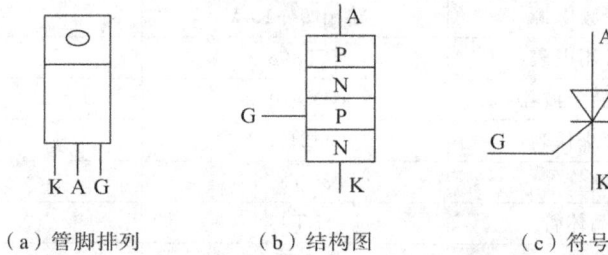

（a）管脚排列　　　　（b）结构图　　　　（c）符号

图 2.59　晶闸管管脚排列、结构图及电路符号

可控整流电路的作用是把交流电变换为电压值可以调节的直流电。图 2.60 所示为单相半控桥式整流实验电路，主电路由负载 R_L（灯泡）和晶闸管 T_1 组成，触发电路为单结晶体管 T_2 及一些阻容元件组成的阻容移相桥触发电路。改变晶闸管 T_1 的导通角，便可调节主电路的可控输出整流电压（或电流）的数值，这点可由灯泡负载的亮度变化看出。利用改变充电电阻 R 的方法来改变晶闸管控制角度的大小，从而达到触发脉冲移相的目的。

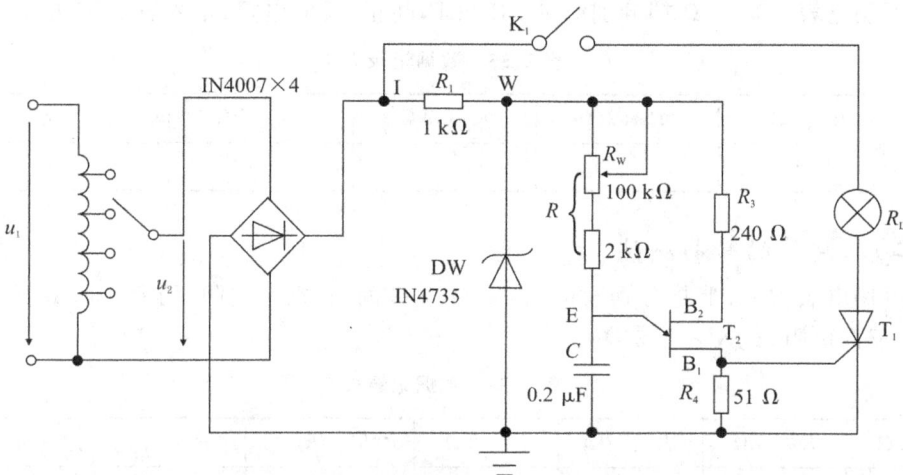

图 2.60　单相半控桥式整流实验电路

当单结晶体管的分压比 η（一般在 $0.5 \sim 0.8$）及电容 C 值固定时，时间常数 τ（$\tau = RC$）的大小由 R 决定。因此，通过调节电位器 R_W，可以改变电容充电的时间常 τ，主电路的输出电压也随之改变，从而达到可控调压的目的。

三、实验设备

实验设备见表 2.54。

表 2.54　实验设备

序　号	名　称	型号与规格	数　量	备　注
1	直流电源	±5 V、±12 V	各1个	
2	可调工频电源	输出 9～15 V		
3	数字万用电表	VC9808＋	1	
4	数字存储示波器	GDS-1062	1	
5	晶体管毫伏表	DF2175B	1	
6	晶闸管	3CT3A	1	
7	单结晶体管	BT33	1	
8	二极管	IN4007	4	
9	稳压管	IN4735	1	
10	灯泡	12 V/0.1 A	1	

四、实验内容

(一)单结晶体管的简易测试

用万用电表 $R \times 10\ \Omega$ 挡分别测量 EB_1、EB_2 间正、反向电阻,记入表 2.55 中。

表 2.55　数据记录表 1

R_{EB_1}/Ω	R_{EB_2}/Ω	$R_{B_1E}/k\Omega$	$R_{B_2E}/k\Omega$	结　论

(二)晶闸管的简易测试

用万用电表 $R \times 1\ k$ 挡分别测量 A—K、A—G 间正、反向电阻;用 $R \times 10\ \Omega$ 挡测量 G—K 间正、反向电阻,记入表 2.56 中。

表 2.56　数据记录表 2

$R_{AK}/k\Omega$	$R_{KA}/k\Omega$	$R_{AG}/k\Omega$	$R_{GA}/k\Omega$	$R_{GK}/k\Omega$	$R_{KG}/k\Omega$	结　论

(三)晶闸管导通、关断条件测试

断开±12 V、±5 V 直流电源,按图 2.61 所示连接实验电路。

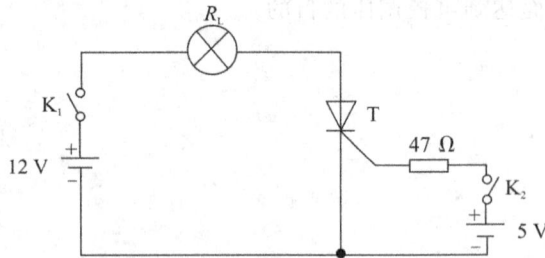

图 2.61　晶闸管导通、关断条件测试

1. 晶闸管阳极加 12 V 正向电压,即 K_1 闭合,K_2 先断开后闭合,观察管子是否导通(导通时灯泡亮,关断时灯泡熄灭)。管子导通后,去掉 +5 V 门极电压,反接门极电压(接 −5 V),观察管子是否继续导通。

2. 晶闸管导通后,去掉 +12 V 阳极电压,反接阳极电压(接 −12 V),观察管子是否关断,并记录之。

(四)晶闸管可控整流电路

按图 2.60 所示连接实验电路,取可调工频电源 14 V 电压作为整流电路输入电压 u_2,电位器 R_W 置中间位置。

1. 单结晶体管触发电路:

(1)断开主电路(即 K_1 断开),接通电源,测量 U_2 值。用示波器依次观察并记录交流电压 u_2、整流输出电压 u_1、削波电压 u_W、锯齿波电压 u_E、触发输出电压 u_{B_1},把各点的波形及电压有效值记入表 2.57 中。

(2)改变移相电位器 R_W 阻值,观察 u_E 及 u_{B_1} 波形的变化及 u_{B_1} 的移相范围,记入表 2.57 中。

表 2.57　数据记录表 3

u_2		u_1		u_W		u_E		u_{B_1}		移相范围
电压	波形	电压	波形	电压	波形	电压	波形	电压	波形	

2. 可控整流电路:断开电源,接入负载灯泡 R_L(即将 K_1 接通),再接通电源,调节电位器 R_W,使灯泡由暗到中等亮,再到最亮,用示波器观察晶闸管两端电压 u_{T_1}、负载两端电压 u_L,并测量负载直流电压 U_L 及工频电源电压 U_2 有效值,记入表 2.58 中。

表 2.58　数据记录表 4

	暗	较 亮	最 亮
u_L 波形			
u_T 波形			
导通角 θ			
U_L/V			
U_2/V			

五、实验注意事项

1. 实验操作过程应注意不能带电操作。
2. 在观察波形时以一个周期为准。

六、预习思考题

1. 为什么可控整流电路必须保证触发电路与主电路同步?本实验是如何实现同步的?
2. 可以采取哪些措施改变触发信号的幅度和移相范围?

七、实验报告

1. 总结晶闸管导通、关断的基本条件。

2. 画出实验中记录的波形(注意各波形间对应关系),并进行讨论。

3. 对实验数据 U_L 与理论计算数据 $U_L = 0.9U_2\dfrac{1+\cos\alpha}{2}$ 进行比较,并分析产生误差原因。

4. 分析实验中出现的异常现象。

实验十七 集成功率放大器

一、实验目的

1. 了解集成功率放大器 LM386 的应用。
2. 学习集成功率放大器的主要性能指标的测试。

二、实验原理

集成功放的种类很多,按输出功率划分,有小功率功放和大功率功放。功率管在工作时,由于输出电流很大,功率管消耗很大,因此功放管上要加有足够大的散热器,保证在额定功耗下温度不超过允许值。

集成功率放大器由集成功放管和一些外部阻容元件组成,它具有线路简单、性能优越、工作可靠、调试方便等优点,在音频领域中已经成为应用十分广泛的功率放大器。

电路中最主要的组件为集成功放块,它的内部电路与一般分立元件功率放大器不同,通常包括前置级、推动级、功率级等几部分。本实验采用的集成功放块型号为 LM386,它的内部电路如图 2.62 所示。

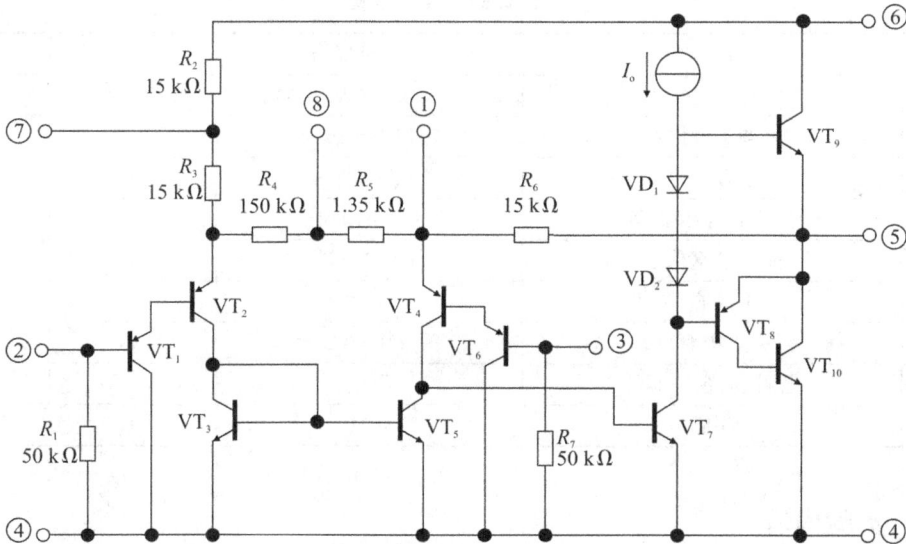

图 2.62 LM386 内部电路

第一级为差分放大电路,VT_1 和 VT_2、VT_4 和 VT_6 分别组成复合管,作为差分放大电路的放大管;VT_3 和 VT_5 组成镜像电流源作为 VT_2 和 VT_4 的有源负载;VT_1 和 VT_6 信号从管的基极输入,从 VT_4 管的集电极输出,为双端输入单端输出差分电路。使用镜像电流源作为差分放大电路有源负载,可使单端输出电路的增益近似等于双端输出电容的增益。

第二级为共射放大电路,VT_7 为放大管,恒流源作为有源负载,以增大放大倍数。

第三级中的 VT_8 和 VT_{10} 管复合成 PNP 型管,与 NPN 型管 VT_9 组成准互补输出级。二极管 VD_1 和 VD_2 为输出级提供合适的偏置电压,可以消除交越失真。

电阻 R_6 从输出端连接到 VT_4 的发射极,形成反馈通路,并与 R_4 和 R_5 组成反馈网络,从而引入了深度电压串联负反馈,使整个电路具有稳定的电压增益。

LM386 的外形和引脚排列如图 2.63 所示,引脚 2 为反相输入端;引脚 3 为同相输入端;引脚 5 为输出端;引脚 6 和 4 分别为电源和地;引脚 1 和 8 为电压增益设定端;使用时在引脚 7 和地之间接旁路电容,通常取 $10\ \mu F$。

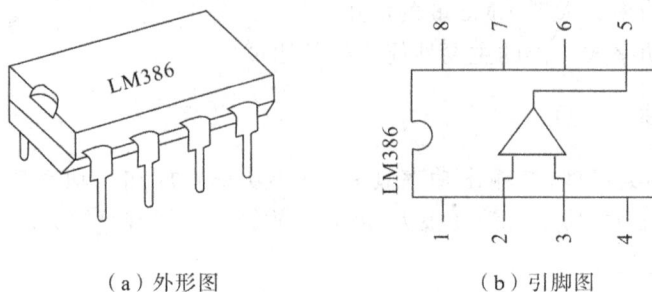

(a)外形图　　　　(b)引脚图

图 2.63　LM386 外形及引脚排列

三、实验设备

实验设备见表 2.59。

表 2.59　实验设备

序　号	名　称	型号与规格	数　量	备　注
1	直流电源	±5 V、±12 V、±9 V	各1个	
2	可调工频电源	输出 9～15 V	1	
3	数字万用电表	VC9808＋	1	
4	数字存储示波器	GDS-1062	1	
5	晶体管毫伏表	DF2175B	1	
6	集成芯片	LM386	1	
7	二极管	IN4007	4	
8	电阻、电容等器件	自选	若干	
9	喇叭	8 Ω	1	1 W

四、实验内容

1. 按图 2.64 所示搭建电路,检查无误后,接通 12 V(9 V 或 5 V)的直流电源,不加信号时,测量静态总电流,记录在表 2.60 中。

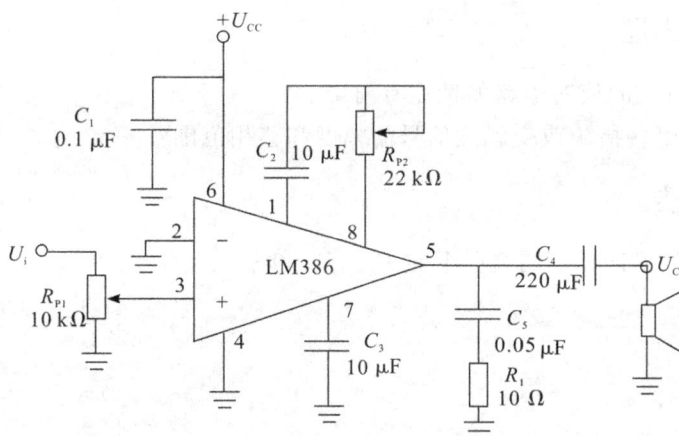

图 2.64 由 LM386 组成的集成功放实验电路

表 2.60 数据记录表 1

U_{CC}	12 V	9 V	5 V
I_C			
U_0有效值			

2. 在输入端接入 1 kHz 的正弦交流信号,示波器接输出端,逐渐增大输入信号幅度,直至波形出现失真为止,记录此时的输入电压、输出电压幅值,并记录输入电压和输出电压的波形。改变电位器 R_{P2} 的阻值,多测几组数据,记录在表 2.61 中。

表 2.61 数据记录表 2

R_{P2}			
U_i			
U_0			

3. 去掉 1 脚和 8 脚之间的电容和电位器,重复 2 的步骤,自拟表格记录,算出电压放大倍数 A_U。

4. 去掉 1 脚和 8 脚之间的电位器 R_P,即 1 脚和 8 脚之间只接电容,测出输入电压 U_i 和输出电压 U_0,算出电压放大倍数 A_U。

5. 改变电路的电源电压,分别为 5 V 和 9 V 时,重复步骤 2 至 4,自拟表格记录。

根据所测量的值算出直流功率 $P_V = I_C U_{CC}$,交流功率 $P_{om} = \dfrac{U_0^2}{R}$,效率 $\eta = \dfrac{P_{om}}{P_V}$。

五、实验注意事项

1. 实验操作过程应注意不能带电操作。

2. 输入信号幅度不得超过 90 mV,否则有可能损坏 LM386。

六、预习思考题

1. 改变电容 C_2 的值对电路的性能有何影响?

2. 可以采取哪些措施改变触发信号的幅度和移相范围?

七、实验报告

根据所测的数据计算不同情况下的 P_{om}、P_V 和 η。

第三部分　数字电子技术实验

第六章　基础实验

实验一　晶体管开关特性、限幅器与钳位器

一、实验目的

1. 观察晶体二极管、三极管的开关特性，了解外电路参数变化对晶体管开关特性的影响。

2. 掌握限幅器和钳位器的基本工作原理。

二、实验原理

(一)晶体二极管的开关特性

由于晶体二极管具有单向导电性，故其开关特性表现在正向导通与反向截止两种不同状态的转换过程。如图 3.1 所示电路，输入端施加一方波激励信号 u_i，由于二极管结电容的存在，因而有充电、放电和存储电荷的建立与消散过程。因此当加在二极管上的电压突然由正向偏置($+U_1$)变为反向偏置($-U_2$)时，二极管并不立即截止，而是出现一个较大的反向电流($-U_2/R$)，并维持一段时间 t_s(称为存储时间)后，电流才开始减小，再经 t_f(称为下降时间)后，反向电流才等于静态特性上的反向电流 I_0，$t_{rr}=t_s+t_f$ 称为反向恢复时间。t_{rr} 与二极管的结构有关，PN 结面积小，结电容小，存储电荷就少，t_s 就短，同时也与正向导通电流和反向电流有关。

当管子选定后，减小正向导通电流和增大反向驱动电流，可加速电路的转换过程。

(二)晶体三极管的开关特性

晶体三极管的开关特性是指它从截止到饱和导通，或从饱和导通到截止的转换过程，而且这种转换都需要一定的时间才能完成。

如图 3.2 所示电路，输入端施加一个足够幅度(在 $-U_2$ 和 $+U_1$ 之间变化)的矩形脉冲电压 u_i 激励信号，就能使晶体管从截止状态进入饱和导通状态，再从饱和导通状态进入截止状态。可见晶体管 T 的集电极电流 i_C 和输出电压 u_o 的波形已不是一个理想的矩形波，其起始部分和平顶部分都延迟了一段时间，其上升沿和下降沿都变得缓慢了。如图 3.2 所示波

形,从 u_i 开始跃升到 i_C,再上升到 $0.1I_{CS}$,所需时间定义为延迟时间 t_d,而 i_C 从 $0.1I_{CS}$ 增长到 $0.9I_{CS}$ 的时间为上升时间 t_r;从 u_i 开始下降到 i_C,再下降到 $0.9I_{CS}$ 的时间为存储时间 t_s,而 i_C 从 $0.9I_{CS}$ 下降到 $0.1I_{CS}$ 的时间为下降时间 t_f,通常称 $t_{on}=t_d+t_r$ 为三极管开关的"接通时间",$t_{off}=t_s+t_f$ 称为"断开时间"。形成上述开关特性的主要原因是晶体管具有结电容。

改善晶体三极管开关特性的方法是采用加速电容 C_b 和在晶体管的集电极加二极管 D 钳位,如图 3.3 所示。

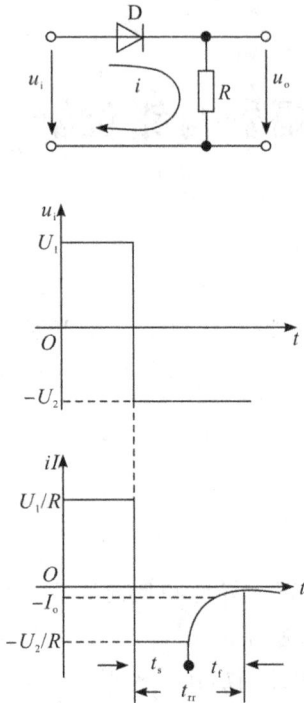

图 3.1　晶体二极管的开关特性　　　图 3.2　晶体三极管的开关特性

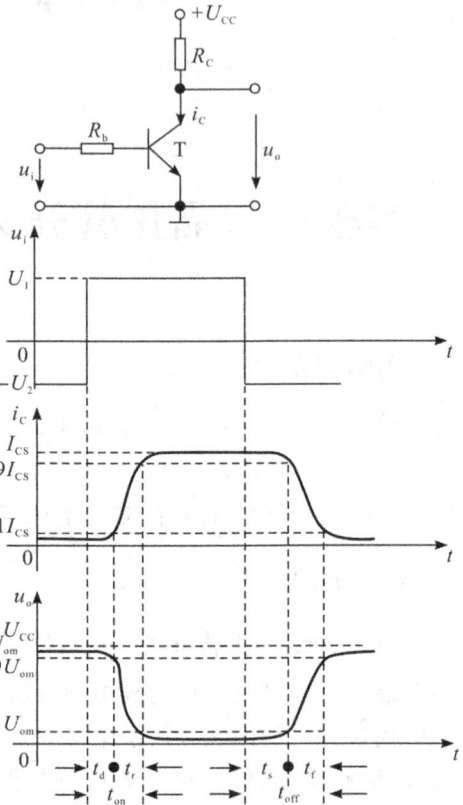

C_b 是一个近百皮法的小电容,当 u_i 正跃变时,由于 C_b 的存在,R_{b1} 相当于被短路,u_i 几乎全部加到基极上,使 T 迅速进入饱和导通状态,t_d 和 t_r 大大缩短。当 u_i 负跃变时,R_{b1} 再次被短路,使 T 迅速截止,也大大缩短了 t_s 和 t_f。可见,C_b 仅在瞬态过程中才起作用,稳态时相当于开路,对电路没有影响。C_b 既加速了晶体管的接通过程又加速了断开过程,故称之为加速电容。这是一种经济有效的方法,在脉冲电路中得到广泛应用。

钳位二极管 D 的作用是当管子 T 由饱和导通状态进入截止状态时,随着电源对分布电容和负载电容的充电,u_o 逐渐上升。因为 $U_{CC}>E_c$,当 u_o 超过 E_c 后,二极管 D 导通,使 u_o 的最高值被钳位在 E_c,从而缩短 u_o 波形的上升边沿,而且上升边沿的起始部分又比较陡,所以大大缩短了输出波形的上升时间 t_r。

(三)限幅器和钳位器

利用二极管与三极管的非线性特性,可构成限幅器和钳位器,它们均是一种波形变换电路,在实际中均有广泛应用。二极管限幅器是利用二极管导通时和截止时呈现的阻抗不同来实现限幅的,其限幅电平由外接偏压决定。三极管限幅器则利用其截止和饱和导通特性实现限幅。钳位的目的是将脉冲波形的顶部或底部钳制在一定的电平上。

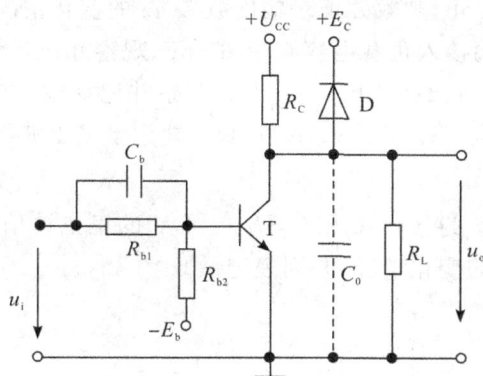

图 3.3　改善三极管开关特性的电路

三、实验设备

实验设备见表 3.1。

表 3.1　实验设备

序　号	名　称	型号与规格	数　量	备　注
1	数字电路实验箱	THD-1	1	天煌
2	数字万用表	VC9808＋	1	
3	双踪示波器	Ca8020-20M	1	
4		IN4007、3DG6A、3DK2、2AK2 及 R、C 元件若干		

四、实验内容

（一）二极管反向恢复时间的观察

按图 3.4 所示接线,E 为偏置电压（0～2 V 可调）。

1. 输入信号 u_i 为频率 $f=100$ kHz、幅值 $U_m=3$ V 的方波信号,E 调至 0 V,用双踪示波器观察和记录输入信号 u_i 和输出信号 u_o 的波形,并读出存储时间 t_s 和下降时间 t_f 的值。

2. 改变偏置电压 E（由 0 V 变到 2 V）,观察输出波形 u_o 的 t_s 和 t_f 的变化规律,记录结果并进行分析。

（二）三极管开关特性的观察

按图 3.5 所示接线,输入 u_i 为 100 kHz 方波信号,晶体管选用 3DG6A。

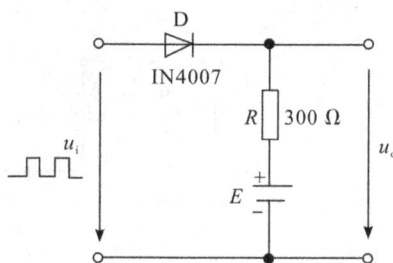

图 3.4　二极管开关特性实验电路

1. 将 B 点接至负电源 $-E_b$，使 $-E_b$ 在 $0 \sim -4$ V 内变化，观察并记录输出信号 $u_。$ 波形的 t_d、t_r、t_s 和 t_f 变化规律。

2. 将 B 点换接在接地点，在 R_{b1} 上并 -30 pF 的加速电容 C_b，观察 C_b 对输出波形的影响，然后将 C_b 更换为 300 pF，观察并记录输出波形 $u_。$ 的变化情况。

3. 去掉 C_b，在输出端接入负载电容 $C_L = 30$ pF，观察并记录输出波形 $u_。$ 的变化情况。

4. 在输出端再并接一负载电阻 $R_L = 1$ kΩ，观察并记录输出波形 $u_。$ 的变化情况。

5. 去掉 R_L，接入限幅二极管 D(2AK2)，观察并记录输出波形 $u_。$ 的变化情况。

（三）二极管限幅器

按图 3.6 所示接线，u_i 为 $f = 10$ kHz，$U_{P-P} = 4$ V 的正弦波信号，令 $E = 2$ V、1 V、0 V、-1 V，观察输出波形 $u_。$ 的变化情况，并列表记录。

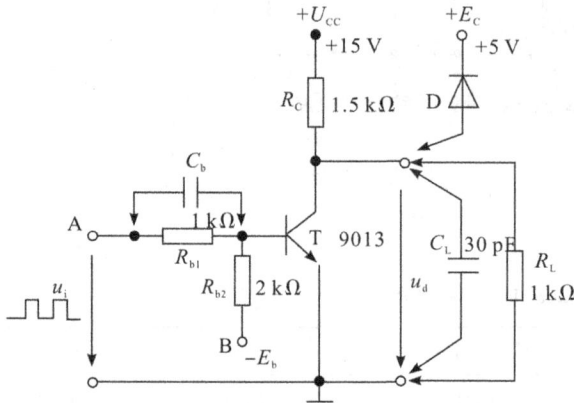

图 3.5　三极管开关特性实验电路

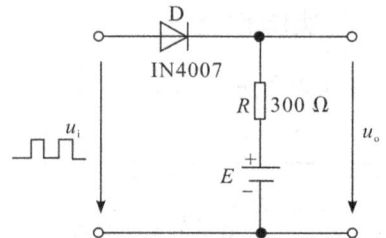

图 3.6　二极管限幅器

（四）二极管钳位器

按图 3.7 所示接线，u_i 为 $f = 10$ kHz 的方波信号，令 $E = 1$ V、0 V、-1 V、-3 V，观察输出波形 $u_。$ 的变化情况并列表记录。

（五）三极管限幅器

按图 3.8 所示接线，u_i 为正弦波，$f = 10$ kHz，U_{P-P} 在 $0 \sim 5$ V 范围连续可调，在不同的输入信号幅度下，观察输出波形 $u_。$ 的变化情况并列表记录。

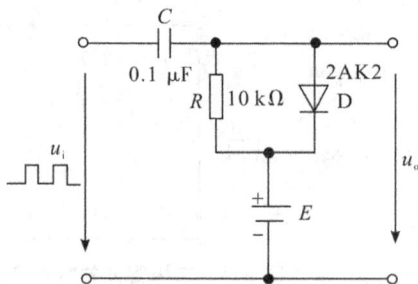

图 3.7　二极管钳位器

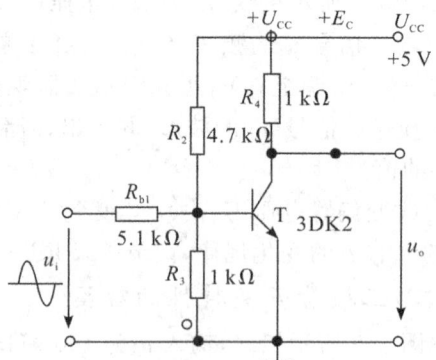

图 3.8　三极管限幅器

五、实验注意事项

1. 接线时注意二极管的正负极,认清三极管的 3 个极性。

2. 要请老师查看线路后才能开电源。

3. 测量时应注意电压表、电流表挡位的选择。

4. 改接线路时,要关掉电源。

六、预习思考题

1. 如何由 +5 V 和 −5 V 直流稳压电源获得 −3～+3 V 连续可调的电源?

2. 在二极管钳位器和限幅器中,若将二极管的极性及偏压的极性反接,则输出波形会出现什么变化?

七、实验报告

1. 将实验观察到的波形画在方格坐标纸上,并对它们进行分析和讨论。

2. 总结外电路元件参数对二、三极管开关特性的影响。

实验二　TTL 与非门静态参数和逻辑功能测试

一、实验目的

1. 熟悉 74LS00 四二输入与非门的管脚、内部结构及使用。

2. 学会晶体管-晶体管逻辑(transistor-transistor logic,TTL)与非门静态参数和逻辑功能的测试方法。

3. 掌握 TTL 与非门的基本知识和基本理论。

4. 熟悉数字电路实验箱的使用。

二、实验原理

74LS00 是一个有 4 个与非门组成的集成电路,其管脚内部结构和电压传输特性如图 3.9 所示。

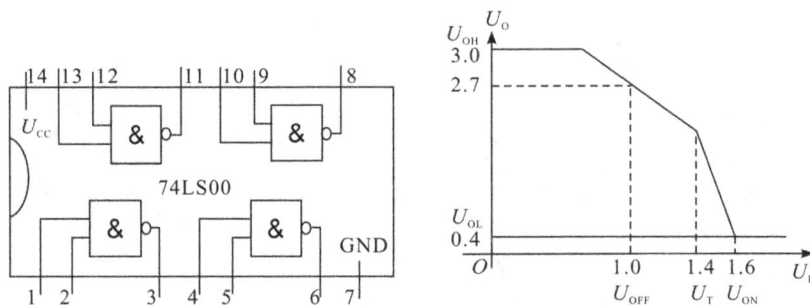

图 3.9　74LS00 管脚图和电压传输特性曲线

三、实验设备

实验设备见表 3.2。

表 3.2　实验设备

序　号	名　称	型号与规格	数　量	备　注
1	数字电路实验箱	THD-1	1	天煌
2	数字万用表	VC9808＋	1	
3	集成芯片	74LS00	2	14 管脚

四、实验内容

(一)与非门逻辑功能测试方法步骤

1. 按图 3.10 所示接线,并请老师检查电路后再开电源。

2. K0、K1 上拨为 1，下拨为 0。观察 LED 的亮/暗变化。

3. 用万用表的直流电压 20 V 挡，测量 1 脚、2 脚和 3 脚的对地电压，填入表 3.3 中。

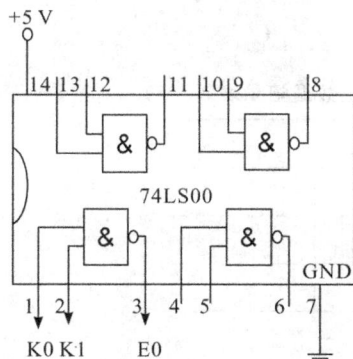

图 3.10　与非门逻辑功能测试接线示意

表 3.3　数据记录表 1

输　入				输　出	
1 脚		2 脚		E0	3 脚	
状态	U/V	状态	U/V	（亮/暗）	状态	U/V
0		0				
0		1				
1		0				
1		1				

（二）静态电压传输特性测试方法

1. 按图 3.11 所示接线，并请老师查看后再开电源。

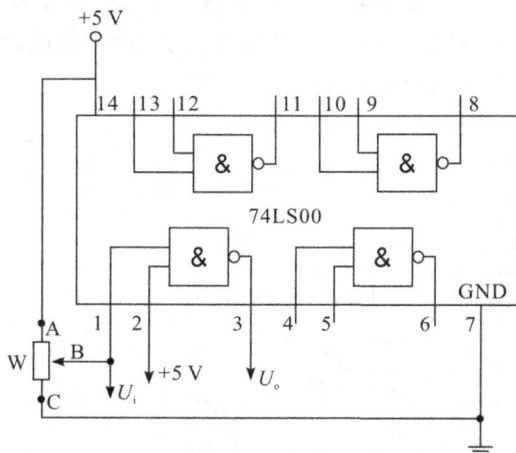

图 3.11　静态电压传输特性接线示意

2. 当转动电位器 W 时，U_i 改变，U_o 也相应改变。每转动电位器 W 一次，用数字万用表的直流电压 20 V 挡测量一组 U_i 和 U_o，读出数据并填入表 3.4 中。

表 3.4　数据记录表 2

U_i/V	0.00	0.50	0.80	0.90	0.95	1.00	1.07	1.10	1.15	1.20	1.50	4.50
U_o/V												

（三）输入短路电流 I_{is} 的测试方法步骤

1. 将 74LS00 的 14 脚用导线与实验箱中 +5 V 电源相连，7 脚与地相连，其余管脚悬空，如图 3.12 所示。

2. 将实验箱电源开关打开。

3. 数字万用表选直流 20 mA 挡，将黑表笔（一极）与实验箱的地相连，红表笔（＋极）与

74LS00 的 1 脚相连,读出表中数据并记录在表 3.5 中。

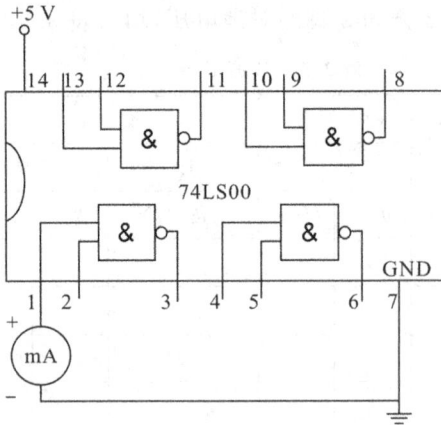

图 3.12　输入短路电流测试接线示意

表 3.5　数据记录表 3

管　脚	I_{is}/mA
1	
2	
平均值	

(四)导通电源电流 I_{cci} 测试方法步骤

1. 将 74LS00 的 7 脚用导线与地相连,其余管脚悬空,如图 3.13 所示。

2. 将数字万用表的黑表笔(一极)与 74LS00 的 14 管脚相连,红表笔(＋极)与实验箱上的＋5 V 电源相连,读出表中数据并记录。

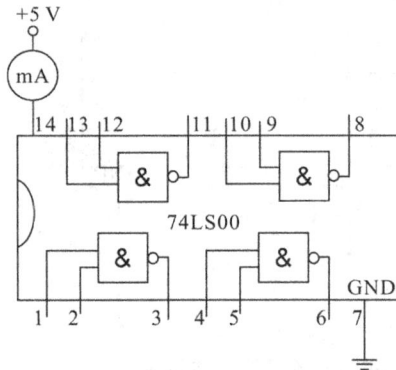

$I_{cci} = \underline{\hspace{2cm}} mA$

图 3.13　导通电源电流测试接线示意

五、实验注意事项

1. 接线时注意芯片的正负极。
2. 要请老师查看线路后才能开电源。
3. 测量时应注意电压表、电流表挡位的选择。
4. 改接线路时,要关掉电源。

六、预习思考题

1. 简述 74LS00 芯片的管脚结构。
2. TTL 与非门输入端的多个发射极起到什么作用?

七、实验报告

1. 填写 TTL 与非门逻辑功能所用的真值表(标注电压测量值)。

2. 根据实验数据画出 TTL 与非门传输特性曲线。

3. 从自己测得的传输特性曲线上找到关门电平电压 U_{OFF}、开门电平电压 U_{ON} 及阀值电压值 U_T 并与理论值列表比较,如果有误差,讨论其产生的原因。

4.(1)输入短路电流 I_{is} 平均值=____mA。

(2)导通电源电流 I_{cci} =____mA。

5. 心得体会及其他。

实验三　组合逻辑电路的设计

一、实验目的

1. 掌握半加器、全加器的逻辑功能。
2. 学会用74HC00芯片设计半加器、全加器，并进行测试。

二、实验原理

(一)管脚说明

管脚图如图3.14所示。

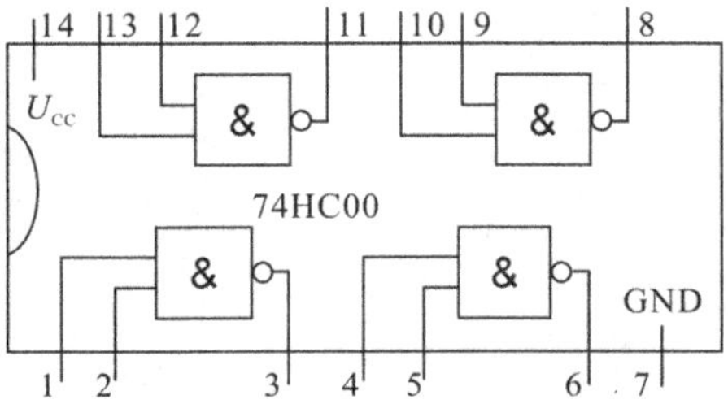

图3.14　74HC00管脚示意

(二)用与非门构成半加器

因为半加器的本位和$S=\bar{A}B+A\bar{B}$是一个异或逻辑，所以要先把异或关系转换成与非关系。其推导过程如下：

$$
\begin{aligned}
S &= A\bar{B}+\bar{A}B \\
&= \overline{\overline{A\bar{B}}\cdot\overline{\bar{A}B}} \\
&= \overline{\overline{A(\bar{B}+\bar{A})}\cdot\overline{B(\bar{A}+\bar{B})}} \\
&= \overline{\overline{A\,\overline{AB}}\cdot\overline{B\,\overline{AB}}}
\end{aligned}
$$

从表达式可见，用4个与非门即可实现异或门逻辑关系。

半加器的进位$C=AB=\overline{\overline{AB}}$，在前边异或门的表达式中有$\overline{AB}$，再求非一次即可实现$C$逻辑。可见用5个与非即可实现半加器。

(三)用与非门构成全加器

因为全加器的本位$S_i=A\oplus B\oplus C_{i-1}=S\oplus C_{i-1}$，可见$S_i$也是一个异或逻辑，所以再加4个与非门即可实现全加器的进位$C_i=C_{i-1}(A\oplus B)+AB=\overline{\overline{C_{i-1}(A\oplus B)}\cdot\overline{AB}}$，其中$AB$是与非门，可直接利用异或门中第1个与非门输出，而$\overline{C_{i-1}(A\oplus B)}$也是一个与非门，且是第2个异或门中第1个与非门输出，可见C_i用一个与非门就可以。

三、实验设备

实验设备见表3.6。

表 3.6　实验设备

序　号	名　　称	型号与规格	数　量	备　注
1	数字电路实验箱	THD-1	1	天煌
2	数字万用表	VC9808+	1	
3	集成芯片	74HC00	2	14管脚

四、实验内容

1. 自行设计接线图,测试74HC00的逻辑功能,填入表3.7中。

提示:应提供 5 V 电源,然后通过拨动开关提供输入状态,再利用 LED 灯来观察输出状态。

表 3.7　数据记录表 1

A/K_2	B/K_1	S/E_1
状态	状态	状态
0	0	
0	1	
1	0	
1	1	

2. 用两片74HC00芯片组成半加器,接线图如图3.15所示,并画在报告中数据处理那栏,然后照图接线,记录数据并填入表3.8中。

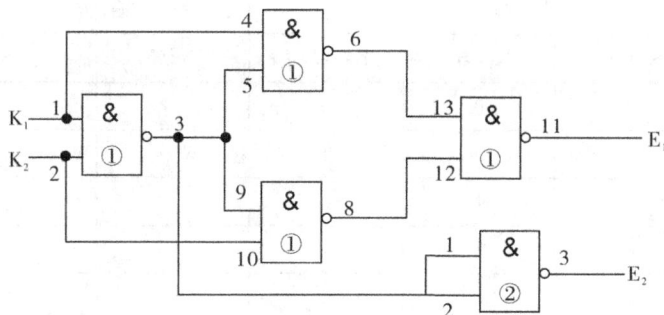

图 3.15　半加器接线示意

表 3.8　数据记录表 2

输　　入		输　　出	
K_1/A_0 状态	K_2/B_0 状态	E_1/C_0 状态	E_0/S_0 状态
0	0		
0	1		
1	0		
1	1		

提示:应提供 5 V 电源,然后通过拨动开关提供输入状态,再利用 LED 灯来观察输出状态。

3. 用 3 片 74HC00 芯片组成全加器,关闭电源,用两种不同颜色的线将各芯片电源脚接 +5 V,7 脚接地,然后用第 3 种颜色的线按图 3.16 所示连线。

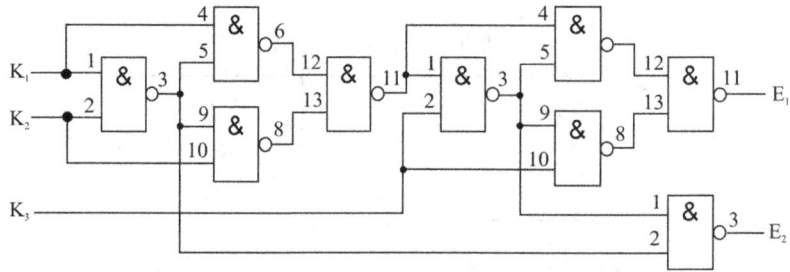

图 3.16　全加器接线示意

K 上拨代表 1 状态,下拨代表 0 状态。拨动 K,分别输入表 3.9 所列状态,观察 E_0、E_1 的亮暗,填入表 3.9 中,最后请老师查看数据。

表 3.9　数据记录表 3

输　　入			输　　出	
K_1/A_i	K_2/B_i	K_3/C_{i-1}	E_2/C_i	E_1/S_i
0	0	0		
0	0	1		
0	1	0		
0	1	1		
1	0	0		
1	0	1		
1	1	0		
1	1	1		

五、实验注意事项

1. 接线时注意芯片的正负极。

2. 要请老师查看线路后才能开电源。

3. 测量时应注意电压表、电流表挡位的选择。

4. 改接线路时,要关掉电源。

六、预习思考题

1. 在实验过程中,芯片没用到的管脚悬空是什么状态? 会影响到实验的稳定性吗?

2. 如何用二输入与非门组成一个非门?

七、实验报告

1. 预习报告中,实验原理那栏应画出 74HC00 芯片的管脚图,并推导出异或门与二输入与非门的关系。

2. 操作要领及注意事项,除了指导书上的注意事项,还应认真记录老师上课所讲的重点与难点。

3. 数据处理那栏应画出半加器的电路图以及全加器的框图。

实验四　译码器和编码器实验

一、实验目的

1. 掌握优先编码器功能的测试和使用。
2. 掌握中规模集成译码器的逻辑功能和使用方法。

二、实验原理

1. 译码器的逻辑功能译码是将输入的二进制代码"译"成与输入取值相对应的高低电平信号。译码器有 3 类:二进制译码器、代码转换译码器和显示译码器。

二进制译码器,有 n 个输入变量,2^n 个输出变量,也称为最小项译码器或 N 中取一译码器;代码转换译码器是将一种编码形式转换为另一种编码形式;显示译码器,一般是将一种编码译成十进制码或特定的编码,并通过显示器件将译码器的状态显示出。

本实验用的是二进制译码器 74LS139,其管脚图如图 3.17 所示,真值表见表 3.10。

表 3.10　74LS139 真值表

输　入			输　出			
$\overline{G}$	A_1	A_0	$\overline{Y_3}$	$\overline{Y_2}$	$\overline{Y_1}$	$\overline{Y_0}$
1	×	×	1	1	1	1
0	0	0	1	1	1	0
0	0	1	1	1	0	1
0	1	0	1	0	1	1
0	1	1	0	1	1	1

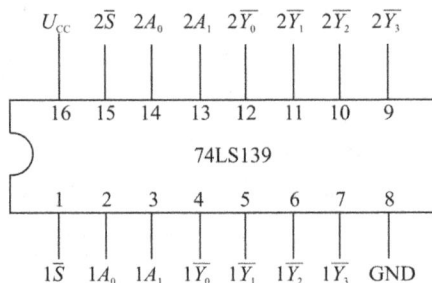

图 3.17　74LS139 管脚示意

2. 编码器的逻辑功能是将高低电平信号按一定规则"编"成与输入相对应的二进制代码。编码器分为普通编码器和优先编码器,普通编码器只允许一个输入端有效,否则输出结果会发生混乱;优先编码器允许有多个有效输入,但只对优先级高的输入信号编码,优先级低的信号则不起作用。

74LS148 是一个 8 线-3 线优先编码器。优先编码器的 $\overline{IN_0}\sim\overline{IN_7}$ 为输入信号,$\overline{Y_0}$、$\overline{Y_1}$、$\overline{Y_2}$ 为二进制输出信号,$\overline{EI}$ 是使能输入端,表示是否允许输入,为低电平有效时才允许芯片工作,$\overline{EO}$ 是使能输出端,表示是否允许输出,为低电平有效时才允许芯片有输出,$\overline{GS}$ 为组态信号输出端,表示是否有编码操作。其管脚图如图 3.18 所示,真值表见表 3.11。

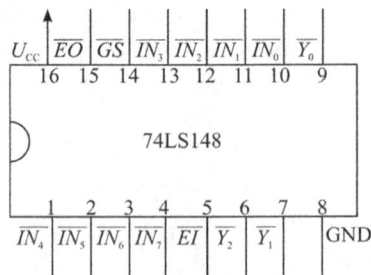

图 3.18　74LS148 管脚示意

表 3.11 74LS148 真值表

输 入									输 出				
$\overline{EI}$	$\overline{IN_7}$	$\overline{IN_6}$	$\overline{IN_5}$	$\overline{IN_4}$	$\overline{IN_3}$	$\overline{IN_2}$	$\overline{IN_1}$	$\overline{IN_0}$	$\overline{GS}$	$\overline{Y_2}$	$\overline{Y_1}$	$\overline{Y_0}$	$\overline{EO}$
1	×	×	×	×	×	×	×	×	1	1	1	1	1
0	1	1	1	1	1	1	1	1	1	1	1	1	0
0	0	×	×	×	×	×	×	×	0	0	0	0	1
0	1	0	×	×	×	×	×	×	0	0	0	1	1
0	1	1	0	×	×	×	×	×	0	0	1	0	1
0	1	1	1	0	×	×	×	×	0	0	1	1	1
0	1	1	1	1	0	×	×	×	0	1	0	0	1
0	1	1	1	1	1	0	×	×	0	1	0	1	1
0	1	1	1	1	1	1	0	×	0	1	1	0	1
0	1	1	1	1	1	1	1	0	0	1	1	1	1

三、实验设备

实验设备见表 3.12。

表 3.12 实验设备

序　号	名　称	型号与规格	数　量	备　注
1	数字电路实验箱	THD-1	1	天煌
2	集成芯片	74LS139	1	16 管脚
3	集成芯片	74LS148	1	16 管脚
4	集成芯片	74HC30	2	14 管脚

四、实验内容

1. 验证 74LS148 编码器的功能表:连接电源后,将所有输入接开关,所有输出接灯,注意左右顺序按表 3.11 正确排列。

2. 74LS139 双 2 线-4 线译码器功能表的测试,接线图如图 3.19 所示,在实验箱上进行接线验证,填入表 3.13 中。

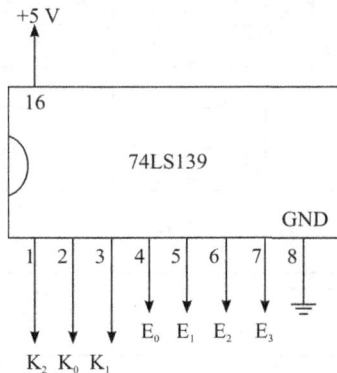

图 3.19 74LS139 功能测试接线示意

表 3.13　数据记录表 1

输　入			输　出			
G	A_1	A_0	$\overline{Y_3}$	$\overline{Y_2}$	$\overline{Y_1}$	$\overline{Y_0}$
K_2	K_1	K_0	E_3	E_2	E_1	E_0
1	×	×				
0	0	0				
0	0	1				
0	1	0				
0	1	1				

提示：先提供 5 V 电源,然后将输入端接拨动开关进行相应的设置,输出端接 LED 灯进行观测。

3. 将双 2 线-4 线译码器转换为 3 线-8 线译码器:连线图如图 3.20 所示,并照图连线进行验证,数据记录在表 3.14 中。

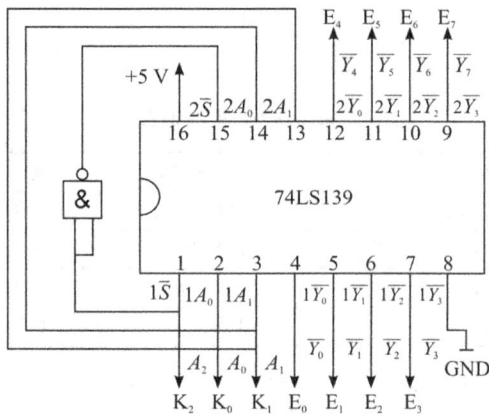

图 3.20　译码器测试接线示意

表 3.14　数据记录表 2

输　入			输　出							
A_2	A_1	A_0	$\overline{Y_7}$	$\overline{Y_6}$	$\overline{Y_5}$	$\overline{Y_4}$	$\overline{Y_3}$	$\overline{Y_2}$	$\overline{Y_1}$	$\overline{Y_0}$
K_2	K_1	K_0	E_7	E_6	E_5	E_4	E_3	E_2	E_1	E_0
0	0	0								
0	0	1								
0	1	0								
0	1	1								
1	0	0								
1	0	1								
1	1	0								
1	1	1								

五、实验注意事项

1. 接线时注意芯片的正负极。

2. 拨动 K 时要有间隔。

3. 要请老师查看线路后才能开电源。

4. 改接线路时,要关掉电源。

六、预习思考题

1. 74LS139 芯片中,$\overline{1G}$、$\overline{2G}$ 有什么功能?

2. 74LS148 芯片中,$\overline{S}$、$\overline{\overline{S}}$、$\overline{S}_1$ 的功能是什么?

七、实验报告

1. 预习报告中的实验内容那栏应画出 3 个芯片的管脚图。

2. 操作要领及注意事项,除了指导书上的注意事项,还应认真记录老师上课所讲的重点与难点。

3. 数据记录中应记录表 3.12 和表 3.13。

4. 报告中的数据处理那栏应画出将双 2 线-4 线译码器转换为 3 线-8 线译码器的连线图以及全加器的连线图。

实验五　数据选择器实验

一、实验目的

1. 熟悉数据选择器的逻辑功能。
2. 掌握用数据选择器组成组合逻辑电路的方法。

二、实验原理

所谓双 4 选 1 数据选择器就是在一块集成芯片上有两个 4 选 1 数据选择器。其引脚排列如图 3.21 所示。

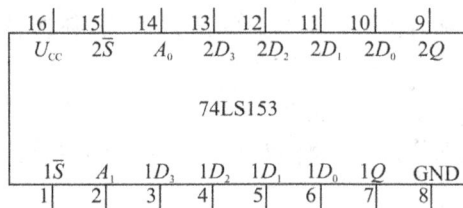

图 3.21　74LS153 管脚示意

$1\overline{S}$、$2\overline{S}$ 为两个独立的使能端；A_1、A_0 为公用的地址输入端；$1D_0 \sim 1D_3$ 和 $2D_0 \sim 2D_3$ 分别为两个 4 选 1 数据选择器的数据输入端；Q_1、Q_2 为两个输出端。74LS153 的表达式为

$$Y = \overline{A_1}\,\overline{A_0}D_0 + \overline{A_1}A_0D_1 + A_1\overline{A_0}D_2 + A_1A_0D_3$$

1. 当使能端 $1\overline{S}(2\overline{S})=1$ 时，多路开关被禁止，无输出，$Q=0$。
2. 当使能端 $1\overline{S}(2\overline{S})=0$ 时，多路开关正常工作，根据地址码 A_1、A_0 的状态，将相应的数据 $D_0 \sim D_3$ 送到输出端 Q。

三、实验设备

实验设备见表 3.15。

表 3.15　实验设备

序　号	名　　称	型号与规格	数　量	备　注
1	数字电路实验箱	THD-1	1	天煌
2	集成芯片	74LS153	1	16 管脚
3	集成芯片	74HC00	1	14 管脚

四、实验内容

1. 数据选择器功能的测试，按图 3.22 所示接线，验证 74LS153 的真值表，填入表 3.16 中。

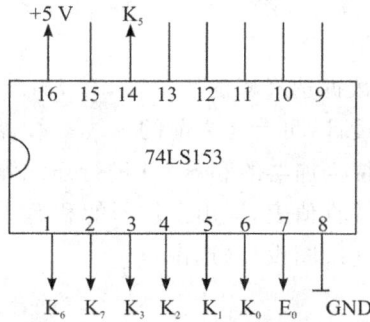

图 3.22 芯片测试接线示意

表 3.16 数据记录表 1

输出控制	选择端		数据输入端				输 出
$1\overline{S}$	A_1	A_0	$1D_3$	$1D_2$	$1D_1$	$1D_0$	$1Q$
K_7	K_6	K_5	K_3	K_2	K_1	K_0	E_0
1	×	×	×	×	×	×	暗
0	0	0	×	×	×	D_0	
0	0	0	×	×	D_1	×	
0	1	0	×	D_2	×	×	
0	1	1	D_3	×	×	×	

注:"×"表示任意状态。

2. 用数据选择器实现函数:$F = \overline{A}BC + A\overline{B}C + AB\overline{C} + ABC$。

电路接线如图 3.23 所示,按图连线进行验证,数据记录在表 3.17 中。

提示:函数 F 有 3 个输入变量 A、B、C,而数据选择器只有两个地址端 A_1、A_0,少于函数输入变量个数,在设计时可任选 A 接 A_1,B 接 A_0,74LS153 的表达式 $Y = \overline{A_1}\,\overline{A_0}D_0 + \overline{A_1}A_0D_1 + A_1\overline{A_0}D_2 + A_1A_0D_3$ 与函数 F 对照,得出:$D_0 = 0$,$D_1 = D_2 = C$,$D_3 = 1$。

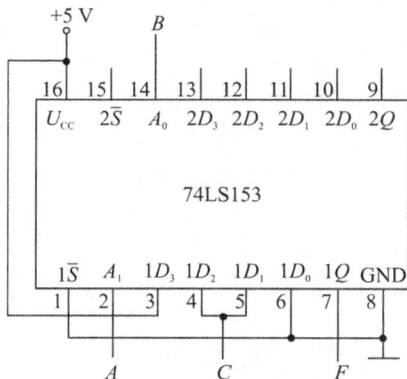

图 3.23 数据选择器接线示意

表 3.17 数据记录表 2

输 入			输 出
A	B	C	F
0	0	0	
0	0	1	
0	1	0	
0	1	1	
1	0	0	
1	0	1	
1	1	0	
1	1	1	

3. 利用 74LS153、74HC00 芯片设计一个 8 选 1 的数据选择器，并进行连线测试，结果可自拟表格填入（选做）。

提示：可以先列出 8 选 1 数据选择器的表达式，与 74LS153 的表达式对比，寻找出两者之间的关联，然后再进行连线设计（可参考之前的 3 线-8 线译码器设计实验）。

4. 利用 74LS153 设计一位全加器的和 S_i，并进行连线测试。

提示：可以先列出全加器的真值表，写出全加器的和 S_i 的表达式，寻找它们与 74LS153 表达式之间的关联，然后进行连线图设计（选做）。

五、实验注意事项

1. 接线时注意芯片的正负极。
2. 拨动 K 时要有间隔。
3. 要请老师查看线路后才能开电源。
4. 改接线路时，要关掉电源。

六、预习思考题

1. 74LS153 芯片中使能端的作用是什么？
2. 画出用 74LS153 实现全加器本位和 S_i 的电路图。

七、实验报告

1. 预习报告中的实验内容那栏应写出 74LS153 的表达式，并画出管脚图。
2. 操作要领及注意事项，除了指导书上的注意事项，还应认真记录老师上课所讲的重点与难点。

实验六 JK 触发器的逻辑功能测试

一、实验目的

1. 学习触发器逻辑功能的测试方法。
2. 熟悉基本 RS 触发器的组成、工作原理和性能。
3. 熟悉 TTL 集成 D 触发器和 JK 触发器的逻辑功能及触发方式。

二、实验原理

（一）基本 RS 触发器

基本 RS 触发器具有两个稳定状态，用以表示逻辑状态"1"和"0"，在一定的外界信号作用下，可以从一个稳定状态翻转到另一个稳定状态。它是一个具有记忆功能的二进制信息存储器件，是组成各种时序电路的最基本逻辑单元。

图 3.24 所示为由两个与非门交叉耦合组成的基本 RS 触发器，它是无时钟控制低电平直接触发的触发器。基本 RS 触发器具有置"0"、置"1"和"保持"3 种功能，通常称 $\overline{S}$ 为置"1"端，因为 $\overline{S}=0(\overline{R}=1)$ 时，触发器被置"1"；$\overline{R}$ 为置"0"端，因为 $\overline{R}=0(\overline{S}=1)$ 时，触发器被置"0"，当 $\overline{S}=\overline{R}=1$ 时，状态保持；当 $\overline{S}=\overline{R}=0$ 时，触发器状态不定，应避免此情况发生，见表 3.18。

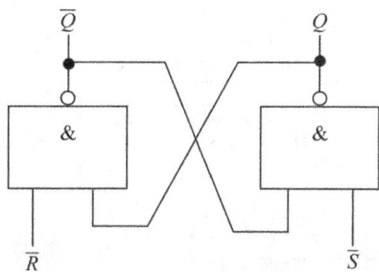

图 3.24 基本 RS 触发

表 3.18 基本 RS 触发器功能

输 入		输 出	
$\overline{S}$	$\overline{R}$	Q^{n+1}	$\overline{Q^{n+1}}$
0	1	1	0
1	0	0	1
1	1	Q	$\overline{Q^n}$
0	0	不定	

（二）JK 触发器

在输入信号为双端的情况下，JK 触发器是功能完善、使用灵活和通用性较强的一种触发器。JK 触发器的状态方程为

$$Q^{n+1}=\overline{J}Q^n+\overline{K}Q^n$$

式中，J 和 K 是数据输入端，是触发器状态更新的依据。JK 触发器常被用作缓冲存储器、移位寄存器和计数器。

本实验采用 74LS112 双 JK 触发器，它的内部含有两个 JK 触发器，均是 CP 下降沿触发的边沿触发器，管脚图如图 3.25 所示，其中关联数字相同的相关引脚组成一个 JK 触发器。$\overline{R}_D$、$\overline{S}_D$端分别为直接复位端和直接置位端,均为低电平有效。

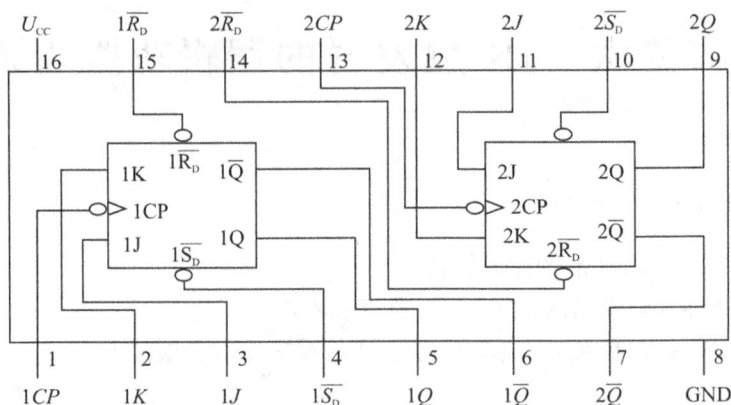

图 3.25 74LS112 管脚示意

(三)边沿 D 触发器

在输入信号为单端的情况下,D 触发器用起来更为方便,其状态方程为

$$Q_{n+1} = D$$

D 触发器的状态只取决于时钟到来前 D 端的状态。D 触发器的应用很广,可用作数字信号的寄存、移位寄存、分频、波形发生等。其有很多型号可供选用,如双 D(74LS74、CC4013)、四 D(74LS175、CC4042)、六 D(74LS174、CC14174)、八 D(74LS374)等。

本实验采用 74LS74 双 D 触发器,它的内部含有两个 D 触发器,均是 CP 上升沿触发的边沿触发器。74LS74 引脚图如图 3.26 所示,其中关联数字相同的相关引脚组成一个 D 触发器。$\overline{R}_D$、$\overline{S}_D$端分别为直接复位端和直接置位端,均为低电平有效。

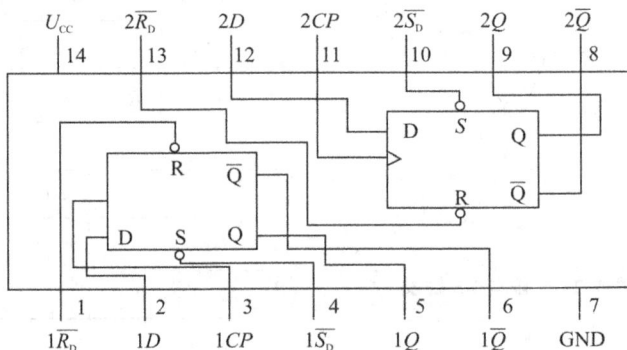

图 3.26 74LS74 引脚

三、实验设备

实验设备见表 3.19。

表 3.19　实验设备

序　号	名　称	型号与规格	数　量	备　注
1	数字电路实验箱	THD-1 型	1	天煌
2	数字万用表	VC9808＋	1	
3	与非门	74LS00	1	14 管脚
4	JK 触发器	74LS112	1	16 管脚
5	D 触发器	74LS74	1	14 管脚

四、实验内容

(一)基本 RS 触发器逻辑功能测试

按图 3.24 所示接线,用两个与非门组成基本 RS 触发器,输入端接逻辑电平输出插口,输出端接逻辑电平输入插口,按表 3.20 要求测试,将数据记在表 3.20 中。

表 3.20　基本 RS 触发器功能

$\overline{R}$	$\overline{S}$	Q	$\overline{Q}$	触发器工作状态
0	1			
1	1			
1	0			
1	1			
0	0			

(二)JK 触发器逻辑功能测试

1. $\overline{R_D}$、$\overline{S_D}$ 端功能测试。任取一只 JK 触发器,按图 3.27 所示接线,$\overline{R_D}$、$\overline{S_D}$、J、K 端接逻辑电平开关 K_1、K_2、K_3、K_4 插口,CP 端接单次脉冲源,Q、$\overline{Q}$ 端接至逻辑电平输入插口。要求改变 $\overline{R_D}$、$\overline{S_D}$(J、K、CP 处于任意状态),观察 Q、$\overline{Q}$ 状态,并填入表 3.21 中。

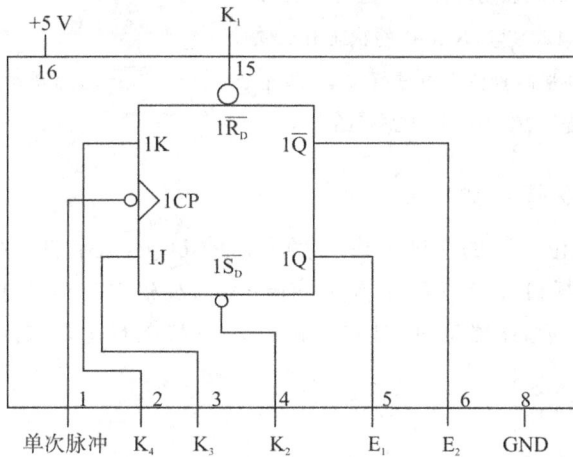

图 3.27　JK 触发器

表 3.21 $\overline{R}_D$、$\overline{S}_D$ 端功能测试

CP	J	K	$\overline{R}_D$	$\overline{S}_D$	Q 端状态	$\overline{Q}$ 端状态
$\times$	$\times$	$\times$	0	1		
$\times$	$\times$	$\times$	1	1		
$\times$	$\times$	$\times$	0	1		
$\times$	$\times$	$\times$	1	1		
$\times$	$\times$	$\times$	0	0		

注:"×"表示任意状态

2. 逻辑功能测试。按表 3.20 的要求,改变 J、K、CP 的状态,观察 Q、$\overline{Q}$ 端的状态变化,观察触发器状态更新是发生在 CP 脉冲的上升沿(即 CP 由 $0{\rightarrow}1$)还是下降沿(即 CP 由 $1{\rightarrow}0$),将结果记入表 3.22 中。

表 3.22 JK 触发器的逻辑功能测试

J	K	CP	Q_{n+1}	
			$Q_n=0$	$Q_n=1$
0	0	$0{\rightarrow}1$		
0	0	$1{\rightarrow}0$		
0	1	$0{\rightarrow}1$		
0	1	$1{\rightarrow}0$		
1	0	$0{\rightarrow}1$		
1	0	$1{\rightarrow}0$		
1	1	$0{\rightarrow}1$		
1	1	$1{\rightarrow}0$		

注:(1)如 Q_n 不等于 0,须强制复位后再进行实验,即先令 $\overline{R}_D=0$,$\overline{S}_D=1$,等观察到 Q_n 输出为 0 后,再令 $\overline{R}_D=1$,$\overline{S}_D=1$,然后才可改变 J、K、CP 的状态开始实验。

(2)如 Q_n 不等于 1,须强制置位后再进行实验,即先令 $\overline{R}_D=1$,$\overline{S}_D=0$,等观察到 Q_n 输出为 1 后,再令 $\overline{R}_D=1$,$\overline{S}_D=1$,然后才可改变 J、K、CP 的状态开始实验。

(三)D 触发器逻辑功能测试

1. 异步置位和复位功能的测试。将 D 触发器的 D、$\overline{R}_D$、$\overline{S}_D$ 端接逻辑电平输出插口,Q、$\overline{Q}$ 端接逻辑电平输入插口,CP 接到单次脉冲源插口,观察实验结果并记录在表 3.23 中。

注意观察当 $\overline{R}_D$ 复位、$\overline{S}_D$ 置位时,对 CP 和 D 触发状态有无要求。

表 3.23　D 触发器功能复位、置位测试

CP	D	$\overline{R}_{D}$	$\overline{S}_{D}$	Q	$\overline{Q}$
0→1	×	0	1		
0→1	×	1	0		
1→0	×	0	1		
1→0	×	1	0		

2. 逻辑功能测试。按表 3.23 的要求，改变 D、CP 的状态，观察 Q、$\overline{Q}$ 的状态变化，观察触发器状态更新是发生在 CP 脉冲的上升沿（即 CP 由 0→1）还是下降沿（即 CP 由 1→0），将结果记入表 3.24 中。

表 3.24　D 触发器逻辑功能测试

D	CP	Q_{n+1}	
		$Q_n=0$	$Q_n=1$
0	0→1		
	0→1		
1	0→1		
	1→0		

注：(1) 如 Q_n 不等于 0，须强制复位后再进行实验，即先令 $\overline{R}_{D}=0$，$\overline{S}_{D}=1$，等观察到 Q_n 输出为 0 后，再令 $\overline{R}_{D}=1$，$\overline{S}_{D}=1$，然后才可改变 D、CP 的状态开始实验。

(2) 如 Q_n 不等于 1，须强制置位后再进行实验，即先令 $\overline{R}_{D}=1$，$\overline{S}_{D}=0$，等观察到 Q_n 输出为 1 后，再令 $\overline{R}_{D}=1$，$\overline{S}_{D}=1$，然后才可改变 D、CP 的状态开始实验。

3. 把 $\overline{Q}$ 端与 D 端相连，触发器接成计数状态。在 CP 端加点动正脉冲（1→0），观察 Q 端翻转次数和 CP 端输入正脉冲个数之间的关系，把结果填入表 3.25 中。

表 3.25　D 触发器计数状态测试

CP	0	1	2	3	4
	0	↑↓	↑↓	↑↓	↑↓
Q 状态	0				

注：↑↓表示一个点动脉冲，按下为↑，松开为↓。

五、实验注意事项

1. 注意各芯片外引脚的连线。
2. 注意处理好各触发器的直接置"0"和直接置"1"端。
3. 每个芯片都有独立的 VCC、GND，且电源正负极不能接反。
4. 改接线路时，必须关闭电源。

六、预习思考题

1. 阐述基本 RS 触发器输出状态"不变"和"不定"的含义,并说明如何避免出现"不定"状态。

2. 基本 RS 触发器在置"1"或置"0"脉冲消失后,为什么触发器的状态保持不变?

3. 将 JK 触发器转换成 D 触发器并画出逻辑图。

4. R_D 和 S_D 两个输入端起什么作用?

七、实验报告

1. 列出实验数据、表格及波形记录。

2. 比较基本 RS 触发器、JK 触发器和 D 触发器的触发方式和逻辑功能有何不同。

3. 心得体会。

实验七　移位寄存器及其应用

一、实验目的

1. 掌握中规模 4 位双向移位寄存器的逻辑功能及使用方法。
2. 熟悉移位寄存器的应用——实现数据的串行、并行转换和组成环形计数器。

二、实验原理

　　移位寄存器是一个具有移位功能的寄存器,是指寄存器中所存的代码能够在移位脉冲的作用下依次左移或右移。既能左移又能右移的称为双向移位寄存器,只需要改变左、右移的控制信号便可实现双向移位要求。移位寄存器根据存取信息的方式不同分为串入串出、串入并出、并入串出和并入并出 4 种形式。

　　本实验选用的 4 位双向通用移位寄存器,型号为 CC40194 或 74LS194,两者功能相同,可互换使用。其管脚排列如图 3.28 所示,其中 D_0、D_1、D_2、D_3 为并行输入端;Q_0、Q_1、Q_2、Q_3 为并行输出端;S_R 为右移串行输入端,S_L 为左移串行输入端;S_1、S_0 为操作模式控制端;$\overline{C_R}$ 为直接无条件清零端;CP 为时钟脉冲输入端。

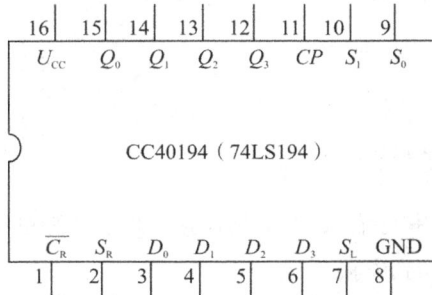

图 3.28　74LS194 的逻辑符号及管脚示意

　　74LS194 有 5 种不同操作模式,即并行送数寄存、右移(方向由 $Q_0 \rightarrow Q_3$)、左移(方向由 $Q_3 \rightarrow Q_0$)、保持及清零。

　　S_1、S_0 和 $\overline{C_R}$ 端的控制作用见表 3.26。

　　移位寄存器应用很广,可组成移位寄存器型计数器、顺序脉冲发生器及串行累加器;可用于数据转换,即把串行数据转换为并行数据,或把并行数据转换为串行数据等。本实验研究移位寄存器组成环形计数器和用于数据的串、并行转换。

表 3.26　74LS194 功能

功　能	输　入										输　出			
	CP	$\overline{C_R}$	S_1	S_0	S_R	S_L	D_0	D_1	D_2	D_3	Q_0	Q_1	Q_2	Q_3
清除	×	0	×	×	×	×	×	×	×	×	0	0	0	0
送数	↑	1	1	1	×	×	a	b	c	d	a	b	c	d
右移	↑	1	0	1	D_{SR}	×	×	×	×	×	D_{SR}	a	b	c
左移	↑	1	1	0	×	D_{SL}	×	×	×	×	a	b	c	D_{SL}
保持	↑	1	0	0	×	×	×	×	×	×	a	b	c	D_{SL}
保持	↓	1	×	×	×	×	×	×	×	×	a	b	c	D_{SL}

（一）环形计数器

把移位寄存器的输出反馈到它的串行输入端,就可以进行循环移位,如图 3.29 所示,把输出端 Q_3 和右移串行输入端 S_R 相连接,设初始状态 $Q_0Q_1Q_2Q_3=1000$,则在时钟脉冲作用下,$Q_0Q_1Q_2Q_3$ 将依次变为 0100→0010→0001→1000→⋯⋯见表 3.27,可见它是一个具有 4 个有效状态的计数器,这种类型的计数器通常称为环形计数器。图 3.29 所示电路可以由各个输出端输出在时间上有先后顺序的脉冲,因此也可作为顺序脉冲发生器。

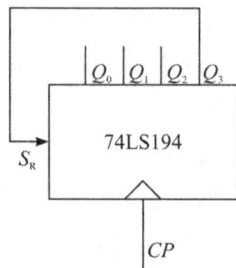

图 3.29　环形计数器

表 3.27　输出状态

CP	Q_0	Q_1	Q_2	Q_3
0	1	0	0	0
1	0	1	0	0
2	0	0	1	0
3	0	0	0	1

如果将输出 Q_0 与左移串行输入端 S_L 相连接,即可实现左移循环移位。

（二）实现数据串、并行转换

1.串行/并行转换器。串行/并行转换是指串行输入的数码经转换电路之后变换成并行输出。

图 3.30 所示是用两片 CC40194(74LS194)4 位双向移位寄存器组成的 7 位串行/并行数据转换电路。

电路中 S_0 端接高电平 1,S_1 受 Q_7 控制,两片寄存器连接成串行输入右移工作模式。Q_7 是转换结束标志,当 $Q_7=1$ 时,S_1 为 0,使之成为 $S_1S_0=01$ 的串入右移工作方式;当 $Q_7=0$ 时,$S_1=1$,有 $S_1S_0=11$,则串行送数结束,标志着串行输入的数据已转换成并行输出了。

串行/并行转换的具体过程如下:转换前,$\overline{C_R}$ 端加低电平,使 1、2 两片寄存器的内容清0,此时 $S_1S_0=11$,寄存器执行并行输入工作方式。当第一个 CP 脉冲到来后,寄存器的输出状态 $Q_0 \sim Q_7$ 为 01111111,与此同时 S_1S_0 变为 01,转换电路变为执行串入右移工作方式,串行输入数据由 1 片的 S_R 端加入。随着 CP 脉冲的依次加入,输出状态的变化可列成表3.28。

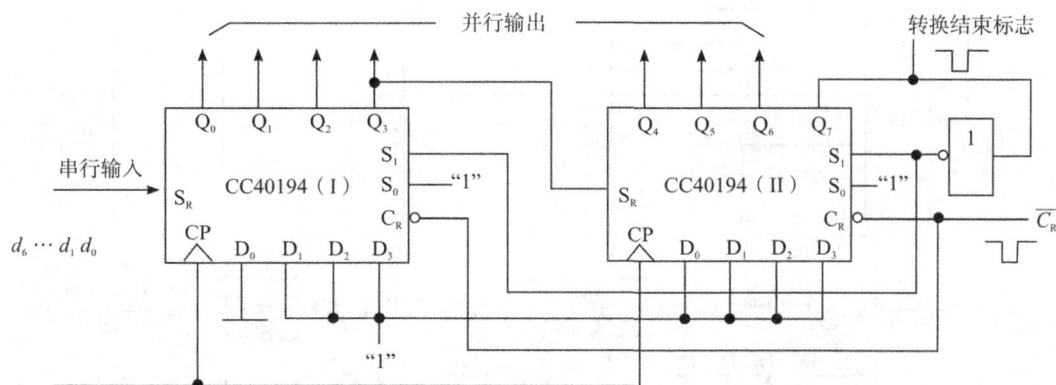

图 3.30　7 位串行/并行转换器

表 3.28　输出状态

CP	Q_0	Q_1	Q_2	Q_3	Q_4	Q_5	Q_6	Q_7	说　明
0	0	0	0	0	0	0	0	0	清零
1	0	1	1	1	1	1	1	1	送数
2	d_0	0	1	1	1	1	1	1	
3	d_1	d_0	0	1	1	1	1	1	
4	d_2	d_1	d_0	0	1	1	1	1	右移操作七次
5	d_3	d_2	d_1	d_0	0	1	1	1	
6	d_4	d_3	d_2	d_1	d_0	0	1	1	
7	d_5	d_4	d_3	d_2	d_1	d_0	0	1	
8	d_6	d_5	d_4	d_3	d_2	d_1	d_0	0	
9	0	1	1	1	1	1	1	1	送数

　　由表 3.28 可见,右移操作 7 次之后,Q_7 变为 0,$S_1 S_0$ 又变为 11,说明串行输入结束,这时,串行输入的数码已经转换成并行输出了。

　　当再来一个 CP 脉冲时,电路又重新执行一次并行输入,为第二组串行数码转换做好了准备。

　　2. 并行/串行转换器。并行/串行转换器是指并行输入的数码经转换电路之后换成串行输出了。

　　图 3.31 所示是用两片 CC40194(74LS194)组成的 7 位并行/串行转换电路,它比图 3.30 多了两只与非门 G_1 和 G_2,电路工作方式同样为右移。

　　寄存器清"0"后,加一个转换启动信号(负脉冲或低电平),此时,方式控制 $S_1 S_0$ 为 11,转换电路执行并行输入操作。当第一个 CP 脉冲到来后,$Q_0 Q_1 Q_2 Q_3 Q_4 Q_5 Q_6 Q_7$ 的状态为 $0 D_1 D_2 D_3 D_4 D_5 D_6 D_7$,并行输入数码存入寄存器,从而使得 G_1 输出为 1,G_2 输出为 0,结果 $S_1 S_2$ 变为 01。转换电路随着 CP 脉冲的加入,开始执行右移串行输出。随着 CP 脉冲的依次加入,输出状态依次右移,待右移操作 7 次后,$Q_0 \sim Q_6$ 的状态都为高电平 1,与非门 G_1 输出为低电平,G_2 输出为高电平,$S_1 S_2$ 又变为 11,表示并行/串行转换结束,且为第二次并行输入创造了条件。转换过程见表 3.29。

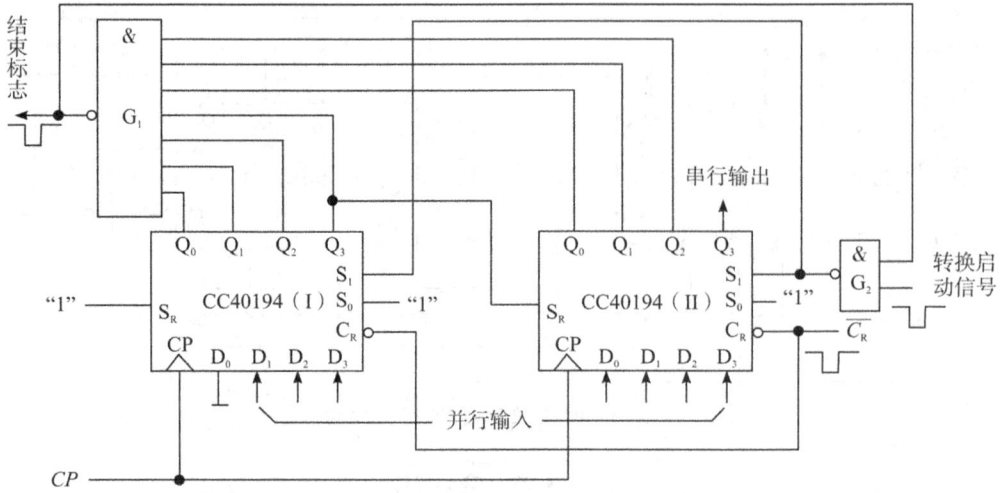

图 3.31　7 位并行/串行转换器

中规模集成移位寄存器,其位数往往以 4 位居多,当需要的位数多于 4 位时,可把几片移位寄存器用级连的方法来扩展位数。

表 3.29　转换过程

CP	Q_0	Q_1	Q_2	Q_3	Q_4	Q_5	Q_6	Q_7	串行输出							
0	0	0	0	0	0	0	0	0								
1	0	D_1	D_2	D_3	D_4	D_5	D_6	D_7	D_7							
2	1	0	D_1	D_2	D_3	D_4	D_5	D_6	D_6	D_7						
3	1	1	0	D_1	D_2	D_3	D_4	D_5	D_5	D_6	D_7					
4	1	1	1	0	D_1	D_2	D_3	D_4	D_4	D_5	D_6	D_7				
5	1	1	1	1	0	D_1	D_2	D_3	D_3	D_4	D_5	D_6	D_7			
6	1	1	1	1	1	0	D_1	D_2	D_2	D_3	D_4	D_5	D_6	D_7		
7	1	1	1	1	1	1	0	D_1	D_1	D_2	D_3	D_4	D_5	D_6	D_7	
8	1	1	1	1	1	1	1	0								
9	0	D_1	D_2	D_3	D_4	D_5	D_6	D_7								

三、实验设备

实验设备见表 3.30。

表 3.30　实验设备

序　号	名　称	型号与规格	数　量	备　注
1	数字电路实验箱	THD-1	1	天煌
2	集成芯片	74LS194	2	16 管脚
3	集成芯片	74LS00	1	14 管脚
4	集成芯片	74LS30	1	14 管脚

四、实验内容

(一)环形计数器

实验线路如图 3.32 所示,用并行送数法,预置寄存器为某二进制数码(如 0100),然后进行右移循环,观察寄存器输出端状态的变化,记入表 3.31 中。

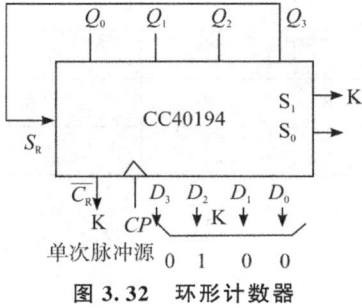

图 3.32 环形计数器

表 3.31 数据记录表 1

状 态	Q_0	Q_1	Q_2	Q_3
送数 CP	0	1	0	0
CP_1				
CP_2				
CP_3				
CP_4				

(二)实现数据的串入、并出转换

用 74LS194 组成 3 位二进制数码(101)右移串入/并出数据转换电路,实验线路如图 3.33 所示,观察寄存器输出端状态的变化,记入表 3.32 中。

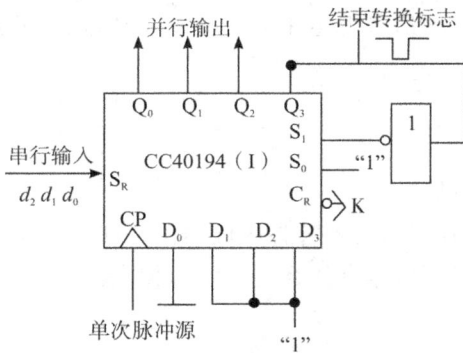

图 3.33 3 位串行/并行转换器

表 3.32 数据记录表 2

状 态	并行输出端			
	Q_0	Q_1	Q_2	Q_3
清零				
送数 CP				
CP_1				
CP_2				
CP_3				
CP_4				

(三)并行输入、串行输出

按图 3.34 所示接线,用两片 74LS194 4 位双向移位寄存器组成 3 位并行/串行转换器电路,并入数码为 101,观察寄存器输出端状态变化,记入表 3.33 中。

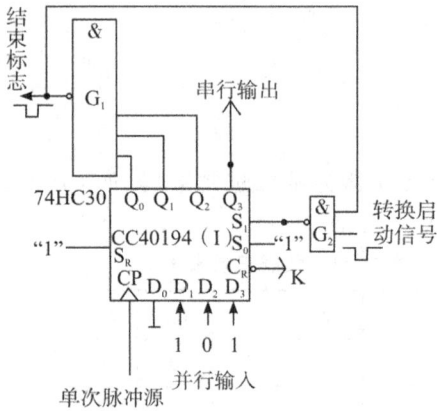

图 3.34 3 位并行/串行转换器

表 3.33 数据记录表 3

状态	串行输出端			
	Q_0	Q_1	Q_2	Q_3
清零				
送数 CP				
CP_1				
CP_2				
CP_3				
CP_4				

五、实验注意事项

1. 接线时注意芯片的正负极。

2. 改接线路时,要关掉电源。

3. 要将 74LS30 中没有用到的管脚接高电平。

4. 由于 16 管脚的底座不够,故插接在 18 管脚和 20 管脚的底座上,但要注意管脚序号对应关系。

5. 并行/串行转换器电路中,施加的转换启动信号低电平应在送数 CP 过后、开始移数 CP 之前改为高电平。

六、预习思考题

1. 若进行循环左移,图 3.31 接线应如何改接?

2. 并行/串行转换器电路中,74LS30 中没有用的输入管脚应做如何处理? 为什么?

3. 并行/串行转换器电路中,施加的转换启动信号有什么要求? 为什么?

七、实验报告

1. 画出用两片 74LS194 组成的 7 位左移串行/并行转换器线路。

2. 画出用两片 74LS194 组成的 7 位左移并行/串行转换器线路。

3. 根据实验内容(一)的结果,画出 4 位环形计数器的状态转换图及波形图。

4. 分析串行/并行、并行/串行转换器所得结果的正确性。

实验八　异步计数器连接法

一、实验目的

1. 学习用集成触发器组成计数器的方法。
2. 熟悉异步三位二进制加/减法计数器的工作原理。
3. 学习计数器逻辑功能的测试方法。

二、实验原理

（一）74LS112

74LS112 是双 JK 触发器,它的内部含有两个 JK 触发器,均是 CP 下降沿触发的边沿触发器。管脚图如图 3.35 所示,其中关联数字相同的相关引脚组成一个 JK 触发器。$\overline{R_D}$、$\overline{S_D}$端分别为直接复位端和直接置位端,均为低电平有效;J 和 K 是数据输入端,是触发器状态更新的依据。JK 触发器的状态方程为

$$Q^{n+1} = \overline{J}Q^n + \overline{K}Q^n$$

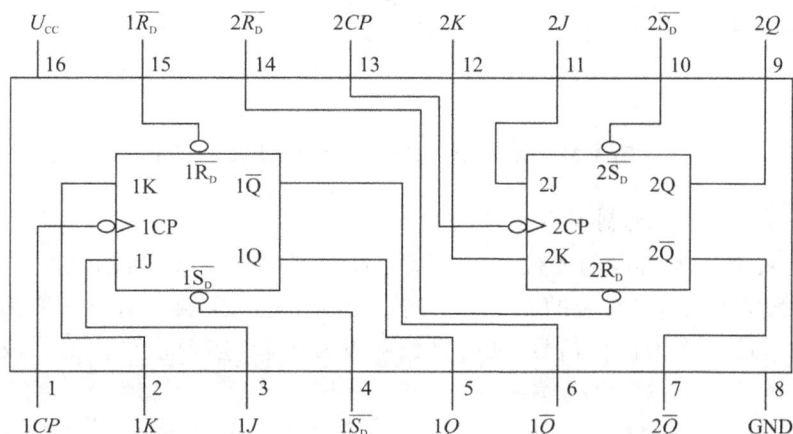

图 3.35　74LS112 管脚示意

（二）异步四位二进制加法计数器

由 4 个 JK 触发器组成的 4 位二进制加法计数器如图 3.36 所示,图中 4 个触发器的 J、K 端均接高电平 1,处于计数状态。计数脉冲从最低位触发器的 CP 端输入,并用该脉冲触发翻转,而其他触发器均用低一位触发器的输出 Q 进行触发,4 个触发器的状态只能依次翻转,故称为异步计数器。

计数前,先在$\overline{R_D}$端加一个负脉冲进行清零,各触发器的状态 $Q_3Q_2Q_1Q_0 = 0000$。当第 1 个计数脉冲 CP 的下降沿到来时,F_0 翻转,Q_0 端由 0 变 1,此时 Q_0 的正跳变不能使 F_1 翻转,计数器的输出状态为 $Q_3Q_2Q_1Q_0 = 0001$。当第 2 个计数脉冲输入后,其下降沿又使F_0翻转,

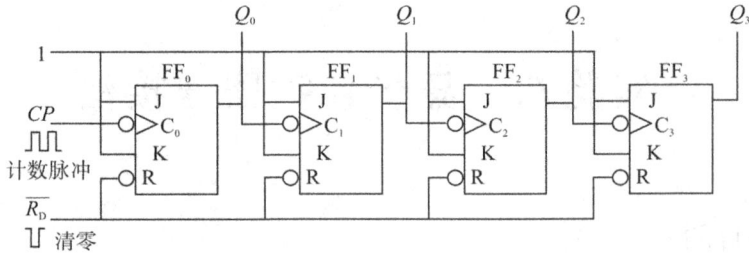

图 3.36　异步四位二进制加法计数器

Q_0 由 1 变 0,同时 Q_0 的负跳变使 F_1 翻转,Q_1 由 0 变 1,计数器的输出状态为 0010……当第 15 个计数脉冲输入后,计数器的输出状态为 1111。当第 16 个计数脉冲到来后,计数器的 4 个触发器全部复 0,并从 Q_3 送出一个进位信号。工作波形如图 3.37 所示。

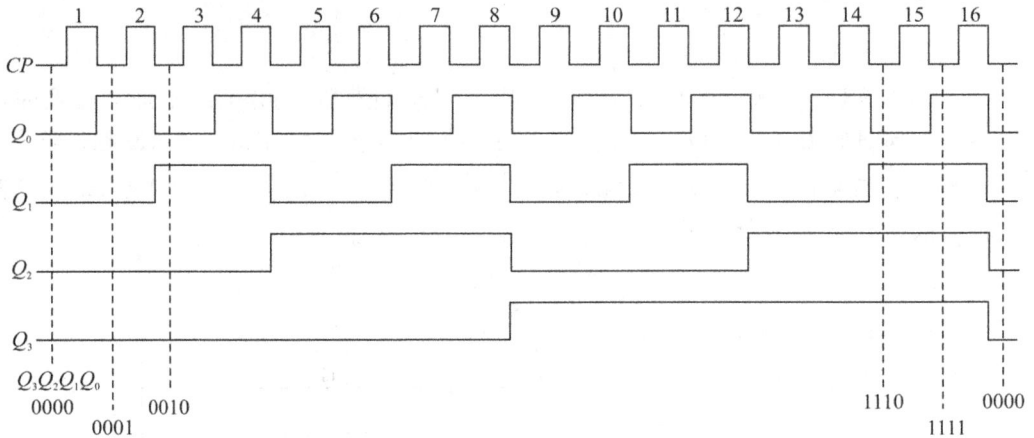

图 3.37　异步四位二进制加法计数器工作波形

（三）异步 4 位二进制减法计数器

由 4 个 JK 触发器组成的 4 位二进制减法计数器如图 3.38 所示,它与加法计数器的区别是低位触发器的 $\overline{Q}$ 与高位的 CP 端相连,$CP_0 = CP$。当触发器由 3 变为 1 时,它的 $\overline{Q}$ 端由 1 变为 0,恰好作为借位信号,使得高位触发器翻转,实现借位。工作波形如图 3.39 所示。

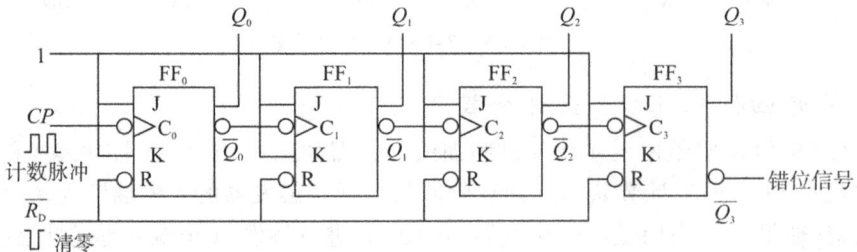

图 3.38　异步四位二进制减法计数器

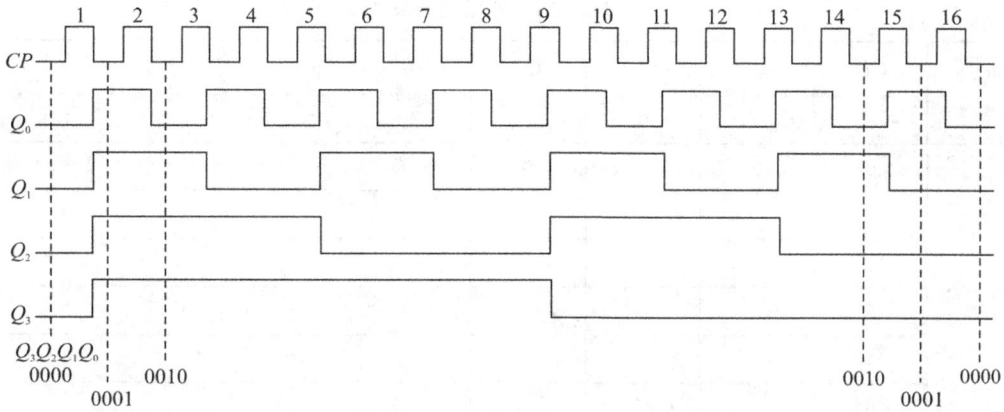

图 3.39 异步四位二进制减法计数器工作波形

三、实验设备

实验设备见表 3.34。

表 3.34 实验设备

序 号	名 称	型号与规格	数 量	备 注
1	数字电路实验箱	THD-1	1	天煌
2	集成芯片	74LS112	1	16 管脚

四、实验内容

1. 按照图 3.36 连线,测试异步四位二进制加法计数器的逻辑状态,填入表 3.35 中;

表 3.35 数据记录表 1

$\overline{R_0}$	CP	Q_3	Q_2	Q_1	代表十进制数
0	×	0	0	0	
1	0	0	0	0	
	1				
	2				
	3				
	4				
	5				
	6				
	7				
	8				

2. 按照图 3.38 所示连线,测试异步四位二进制减法计数器的逻辑状态,填入表 3.36 中。

表 3.36 数据记录表 2

$\overline{R_0}$	CP	Q_3	Q_2	Q_1	代表十进制数
0	×	0	0	0	
1	0	0	0	0	
	1				
	2				
	3				
	4				
	5				
	6				
	7				
	8				

五、实验注意事项

1. 接线时注意芯片的正负极。

2. 改接线路时,要关掉电源。

3. 注意异步四位二进制减法计数器的低位触发器的 $\overline{Q}$ 与高位的 CP 端相连。

六、预习思考题

1. 什么是异步二进制计数器?

2. 什么是同步三进制计数器? 请画出同步三位二进制计数器连线图及工作波形图。

七、实验报告

分别画出异步四位二进制加法计数器和减法计数器的工作波形图。

实验九　中规模集成电路计数器的应用

一、实验目的

1. 进一步理解反馈清零法和反馈预置法计数的原理。
2. 掌握中规模集成计数器的使用及功能测试方法。

二、实验原理

（一）芯片管脚说明

各芯片管脚图如图 3.40 所示。

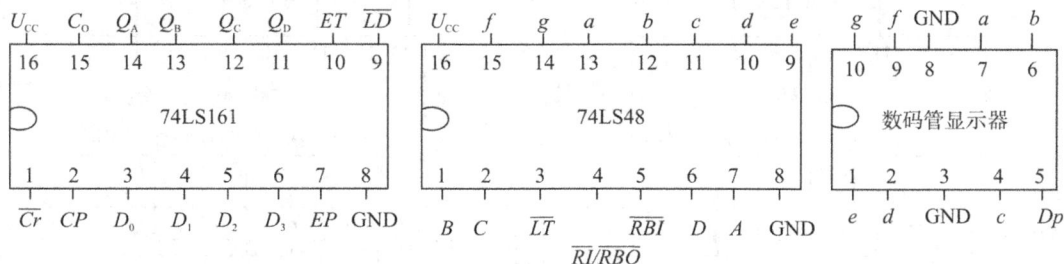

图 3.40　芯片管脚示意

（二）反馈清零法

1. 清零：计数器（74LS161）的初始态 $Q_3Q_2Q_1Q_0＝0000$。

2. 计数：当计数脉冲 $CP＝N$ 时，利用门电路使计数器的清零端 $\overline{Cr}＝0$，$Q_3Q_2Q_1Q_0＝0000$，恢复初始态实现 N 进制。

（三）预置清零法

1. 清零：计数器（74LS161）的 $D_3D_2D_1D_0＝0000$，初始态 $Q_3Q_2Q_1Q_0＝0000$。

2. 计数：当计数脉冲 $CP＝N-1$ 时，利用门电路使计数器的置位端 $\overline{LD}＝0$，$Q_3Q_2Q_1Q_0$ $＝0000$，恢复初始态实现 N 进制。

三、实验设备

实验设备见表 3.37。

表 3.37　实验设备

序　号	名　　称	型号与规格	数　量	备　注
1	数字电路实验箱	THD-1	1	天煌
2	集成芯片	74LS48	2	16 管脚
3	集成芯片	74LS161	2	16 管脚
4	集成芯片	74LS00	1	14 管脚

四、实验内容

(一)反馈预置法十进制计数器

按电路图 3.41(a)所示连线,观察计数情况,请老师看过后,根据老师当场提出的要求,将电路改成其他任意进制的计数器。

(二)反馈清零法十进制计数器

按电路图 3.41(b)所示连线,观察计数情况,请老师看过后,根据老师当场提出的要求,将电路改成其他任意进制的计数器。

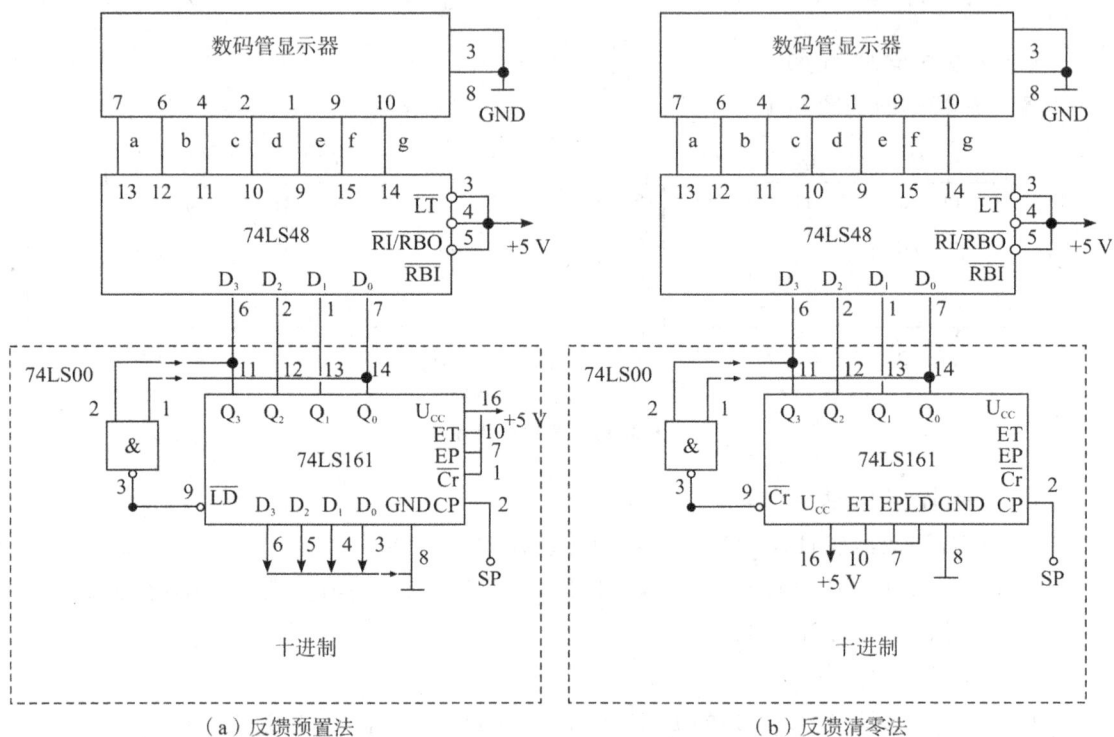

(a)反馈预置法　　　　　　　　　　(b)反馈清零法

图 3.41　计数器电路接线

五、实验注意事项

1. 接线时注意芯片的正负极。
2. 改接线路时,要关掉电源。
3. 注意反馈清零法和反馈预置法计数的计数脉冲。

六、预习思考题

1. 什么是反馈清零法和反馈预置法?
2. 反馈清零法和反馈预置法最大区别在哪里?

七、实验报告

1. 画出老师当场提出的任意进制的计数器的电路图。
2. 心得体会及其他。

实验十　555 时基电路的应用

一、实验目的

1. 熟悉 555 型集成时基电路结构、工作原理及其特点。
2. 掌握 555 型集成时基电路的基本应用。

二、实验原理

555 定时器内部框图及引脚排列如图 3.42 所示。它含有两个电压比较器,一个基本 RS 触发器,一个放电开关管 T,比较器的参考电压由 3 个 5 kΩ 的电阻器组成的分压器提供。它们分别使高电平比较器 A_1 的同相输入端和低电平比较器 A_2 的反相输入端的参考电平为 $\frac{2}{3}U_{CC}$ 和 $\frac{1}{3}U_{CC}$。A_1 与 A_2 的输出端控制 RS 触发器状态和放电管开关状态。当输入信号自 6 脚,即高电平触发输入并超过参考电平 $\frac{2}{3}U_{CC}$ 时,触发器复位,555 的输出端 3 脚输出低电平,同时放电开关管导通;当输入信号自 2 脚输入并低于 $\frac{1}{3}U_{CC}$ 时,触发器置位,555 的 3 脚输出高电平,同时放电开关管截止。

$\overline{R_D}$ 是复位端(4 脚),当 $\overline{R_D}=0$ 时,555 输出低电平。平时 $\overline{R_D}$ 端开路或接 U_{CC}。

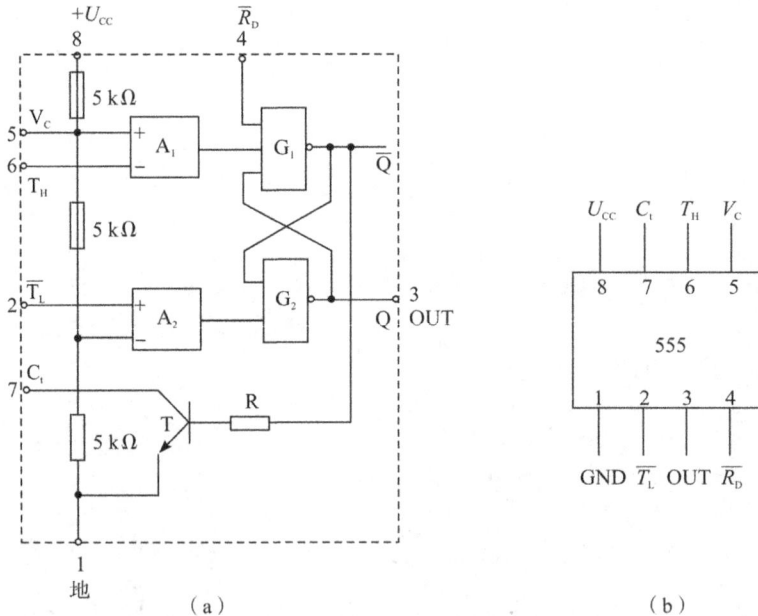

图 3.42　555 定时器内部框图(a)及引脚排列(b)

V_c是控制电压端(5 脚),平时输出$\frac{2}{3}U_{cc}$作为比较器 A_1 的参考电平,当 5 脚外接一个输入电压,即改变了比较器的参考电平时,可实现对输出的另一种控制;当不接外加电压时,通常接一个 0.01 μF 的电容器到地,起滤波作用,以消除外来的干扰,确保参考电平的稳定。

T 为放电管,当 T 导通时,将给接于 7 脚的电容器提供低阻放电通路。

555 定时器主要是与电阻、电容组成充放电电路,并由两个比较器来检测电容器上的电压,以确定输出电平的高低和放电开关管的通断,因此不仅能很方便地组成从微秒到数十分钟的延时电路,而且可方便地组成单稳态触发器、多谐振荡器、施密特触发器等脉冲产生或波形变换电路。

三、实验设备

实验设备见表 3.38。

表 3.38　实验设备

序　号	名　　称	型号与规格	数　量	备　注
1	数字电路实验箱	THD-1	1	天煌
2	集成芯片	NE555	2	8 管脚
3	电阻	10 kΩ	3	
4	电阻	20 kΩ	1	$\frac{1}{4}$ W
5	电阻	5.1 kΩ	1	
6	电解电容	0.1 μF	2	有极性
7	电解电容	100 μF	1	无极性
8	扬声器	8 Ω	1	1 W

四、实验内容

(一)用 555 定时器组成多谐振荡器

按图 3.43 所示接线,并请老师查看后再开电源,观察 E_1 的亮暗情况。

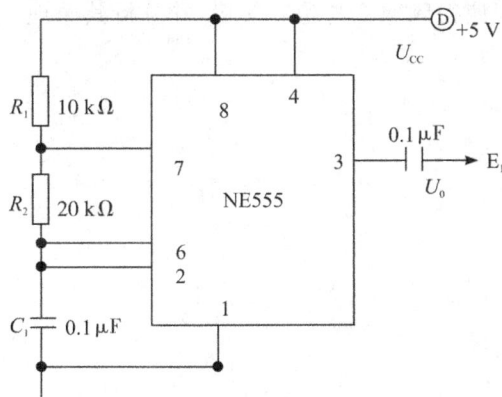

图 3.43　多谐振荡器

（二）用 555 定时器组成救护车警铃电路

按图 3.44 所示接线，并请老师查看后再开电源，调节电位器，分别使得频率变急速和缓慢，并分析其原理。

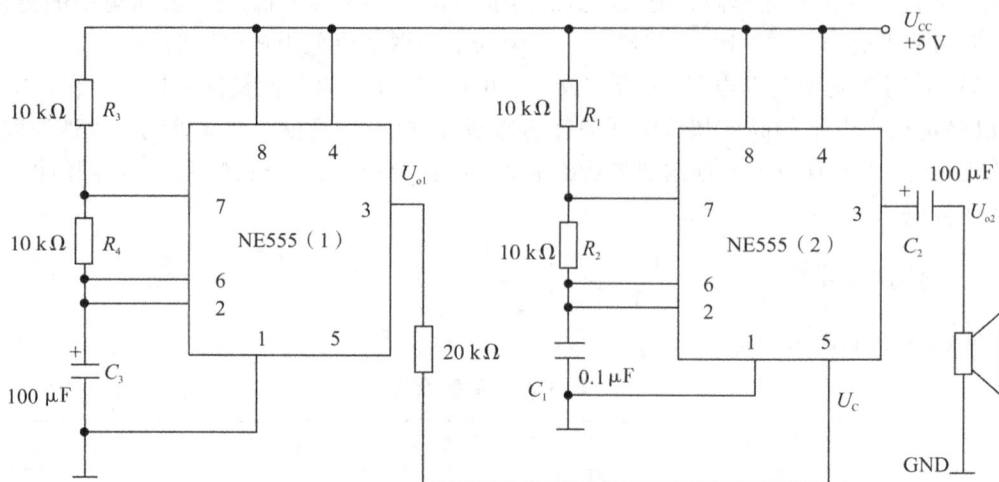

图 3.44 555 定时器组成的救护车警铃电路

五、实验注意事项

1. 接线时注意芯片的正负极。
2. 要请老师查看线路后才能开电源。
3. 改接线路时，要关掉电源。

六、预习思考题

1. 用 555 定时器能组成单稳态触发器吗？如果可以，画出电路图。
2. 电阻 R_1 有什么功能？

七、实验报告

1. 画出 NE555 的管脚图和用其组成多谐振荡器原理图。
2. 调节电位器，分别使得频率变急速和缓慢，并分析其原理。
3. 心得体会及其他。

第七章　综合设计性实验

实验十一　多路抢答器的设计

一、实验目的

1. 掌握多路抢答器的原理,学会自行设计多路抢答器的接线图。
2. 学习芯片 74LS48、74LS279、74LS148 的综合运用。
3. 了解简单数字系统实验、调试及故障排除方法。

二、实验任务及要求

(一)实验任务

要求自行设计出八路抢答器的电路,同时保证具备两个功能:一是分辨出选手按键的先后,并锁存优先抢答者的编号,同时译码显示电路显示编号;二是禁止其他选手按键操作无效。

(二)设计要求

1. 当主持人把开关 S 置于"清零"端时,RS 触发器的 R 非端均为 0,4 个触发器输出($Q_4 \sim Q_1$)全部置 0,使 74LS48 的 $\overline{BI}=0$,显示器灯灭;74LS148 的选通输入端 $\overline{ST}=0$,使之处于工作状态,此时锁存电路不工作。

2. 当主持人把开关 S 置于"开始"时,优先编码器和锁存电路同时处于工作状态,即抢答器处于等待工作状态,等待输入端的信号输入,当有选手将 $\overline{I_5}$ 键按下时,则 $\overline{I_5}=0$,74LS148 的输出 $\overline{Y_2 Y_1 Y_0}=010$,$\overline{Y_{EX}}=0$,经 RS 锁存后,$\overline{ST}=1$,$\overline{BI}=1$,74LS279 处于工作状态,$Q_4 Q_3 Q_2=101$,74LS48 处于工作状态,经 74LS148 译码后,显示器显示为"5"。此时,74LS148 的 $\overline{ST}=1$ 为高电平,74LS148 处于禁止工作状态,封锁其他按键的输入。

3. 当按键松开即按下时,74LS148 的 $\overline{Y_{EX}}=1$,但由于 $\overline{ST}$ 维持高电平不变,因此 74LS148 仍处于禁止状态,确保不会出二次按键时的输入信号,保证了抢答者的优先性以及抢答电路的准确性。

4. 若要再次抢答,需由主持人将 S 开关重新置"清除",电路复位。

三、实验设备

实验设备见表 3.39。

表 3.39　实验设备

序　号	名　　称	型号与规格	数　量	备　注
1	数字电路实验箱	THD-1	1	天煌
2	集成芯片	74LS48	1	16 管脚
3	集成芯片	74LS148	1	16 管脚
4	集成芯片	74LS279	1	16 管脚
5	数码管	共阴极	1	

四、实验内容

1. 根据实验任务及要求完成八路抢答器电路图的设计、接线及模拟抢答过程。

2. 将电路改成四路抢答器继续模拟抢答操作(选做)。

五、实验报告

1. 实验内容:画出自行设计的八路抢答器(0~7)的电路图。

2. 实验数据记录:结合抢答器的工作原理,记录一次完整的抢答过程。

3. 预习思考题:怎么实现显示为 1~8 的八路抢答器,请画出电路图。

4. 数据处理及实验结论:设计并画出八路抢答器(0~7)的电路图。

5. 实验总结:分析在设计调试过程中出现的问题及解决办法。

实验十二 闪光灯电路的设计

一、实验目的

1. 掌握闪光灯电路的原理。

2. 学习设计和组装闪光灯电路。

3. 了解简单数字系统实验、调试及故障排除方法。

二、实验任务及要求

(一)实验任务

要求自行设计出一种闪光灯的电路,必须保证此电路在开关合上后,电珠能周而复始地开始闪烁,闪烁频率定为 1 Hz。

(二)设计要求

1. 要求用门电路 F_1/F_2 组成时钟电路,S 为控制开关,当 S 合上时,振荡器停振;当 S 断开时,振荡器工作,脉冲送入 CD4017 的 CP 端进行计数。

2. 当选定的输出端 Y_N 为高电平时,由三极管 VT_1/VT_2 组成的达林顿管导通,使电珠 H 点亮。由于 Y_N 端与 CD4017 的清零端相连,在 Y_N 端变为高电平的瞬间,脉冲经 VD/C_3 后作用在 R 端,使其清零,又导致 Y_0 端为高电平,然后又开始重新计数,如此周而复始,使 H 闪烁。

3. 闪烁频率由 Y_N 端确定。

三、实验设备

实验设备见表 3.40。

表 3.40 实验设备

序 号	名 称	型号与规格	数 量	备 注
1	数字电路实验箱	THD-1	1	天煌
2	集成芯片	74LS00	1	14 管脚
3	集成芯片	CD4017	1	16 管脚
4	三极管	3DG12	2	
5	电阻	自选	若干	
6	电容	自选	若干	有极性

四、实验内容

1. 按实验任务及要求画出电路图。

2. 自己搭接电路进行调试。

3. 自拟表格记录数据。

五、实验报告

1. 分析闪光灯电路各部分功能及工作原理。

2. 自行设计并画出闪光灯电路的接线图。

3. 总结数字系统的设计及调试方法。

3. 分析实验中出现的故障及解决办法。

实验十三 长时间定时电路的设计

一、实验目的

1. 掌握长时间定时电路的原理。

2. 学习设计和组装长时间定时电路。

3. 了解简单数字系统实验、调试及故障排除方法。

二、实验任务及要求

(一)实验任务

要求自行设计出一种长时间定时的电路,必须保证此电路实现 1 h 的定时电路。

(二)设计要求

1. 要求在 556 双时基电路中间接入 N8281 分频器网络,以实现长时间延时。

2. 要求用一片 556 构成振荡器,其周期为 $1/f$。振荡器的输出加到 N 分频器网络上,产生具有 N/f 周期的信号输出,用来触发另一片 556 构成的振荡器。把分频器连接到第二片 556 的输入端,由它决定延时总量。

3. 延时时间为 1 h。

三、实验设备

实验设备见表 3.41。

表 3.41 实验设备

序 号	名 称	型号与规格	数 量	备 注
1	数字电路实验箱	THD-1	1	天煌
2	集成芯片	NE556	2	14 管脚
3	集成芯片	N8281	1	14 管脚
4	电阻	自选	若干	
5	电容	自选	若干	有极性

四、实验报告

1. 分析长时间定时电路各部分功能及工作原理。

2. 自行设计并画出长时间定时电路的接线图。

3. 总结数字系统的设计及调试方法。

3. 分析实验中出现的故障及解决办法。

实验十四　键控振荡器电路的设计

一、实验目的

1. 掌握键控振荡器电路的原理。

2. 学习设计和组装键控振荡器电路。

3. 了解简单数字系统实验、调试及故障排除方法。

二、实验任务及要求

(一)实验任务

要求自行设计出一种键控振荡器电路,必须保证此电路的频率和占空比可调。

(二)设计要求

1. 用单稳态触发器 CC4098、四 2 输入端与非门 CC4011 等组成频率和占空比可调的键控振荡器。

2. 要求频率可调范围 1~1 000 Hz,占空比可调范围 20%~80%。

三、实验设备

实验设备见表 3.42。

表 3.42　实验设备

序　号	名　称	型号与规格	数　量	备　注
1	数字电路实验箱	THD-1	1	天煌
2	集成芯片	CC4098	2	16 管脚
3	集成芯片	CC4011	1	14 管脚
4	电阻	自选	若干	
5	电容	自选	若干	有极性

四、实验内容

1. 按任务要求画出电路原理图。

2. 完成实验的接线及调线。

五、实验报告

1. 分析键控振荡器电路各部分功能及工作原理。

2. 自行设计并画出键控振荡器电路的接线图。

3. 总结数字系统的设计及调试方法。

4. 分析实验中出现的故障及解决办法。

实验十五　数字电子秒表的设计

一、实验目的

1. 学习数字电路中基本 RS 触发器、单稳态触发器、时钟发生器及计数、译码显示等单元电路的综合应用。

2. 学习电子秒表的调试方法。

二、实验任务及要求

（一）实验任务

设计一个能够启动和停止、能对秒表进行清零的电子秒表，要求秒表在 0.1～9.9 范围内计数。

（二）设计要求

1. 用基本 RS 触发器设计秒表启动和停止电路。

2. 用集成与非门组成的微分型单稳态触发器对秒表提供清零。

3. 选用 555 定时器组成的多谐振荡器组成时钟发生器。

4. 设计合理的计数译码显示电路。

三、实验设备

实验设备见表 3.43。

表 3.43　实验设备

序　号	名　　称	型号与规格	数　量	备　注
1	数字电路实验箱	THD-1 型	1	天煌
2	数字万用表	VC9808＋	1	
3	数字存储示波器	GDS-1062	1	
4	集成块	74LS48	2	16 管脚
		74LS00	2	14 管脚
		74LS90	3	16 管脚
		555	1	8 管脚
5	数码管	共阴	2	
6	电阻、电容、电位器	自选	若干	

四、实验内容

1. 按实验任务及要求完成秒表电路图的绘制。
2. 接通电源，完成秒表电路的调试。

五、实验报告

1. 分析电子秒表各部分功能及工作原理。
2. 总结电子秒表整个调试过程。
3. 分析调试中出现的问题及故障排除方法。

第四部分 附 录

附录Ⅰ 实验报告书写示例

实验报告的书写是一项重要的基本技能训练。实验报告是对每次实验内容的分析与总结,主要是把实验目的、原理、实验所测数据等记录下来,并最终对所测的数据进行计算,得出实验结论,写成书面汇报。

通过实验报告的书写可以培养和训练学生的分析问题能力、总结归纳能力和基本的文字表达能力,为后续的课程设计和毕业论文写作奠定一定的基础。因此,参加实验的每位学生,在做完每次实验之后都应及时、认真地书写实验报告,要求内容真实,数据分析具体,文字简练通顺,书写清楚整洁。下面以晶体管共射极单管放大电路实验为例,说明模拟电子技术实验报告内容与要求。

一、实验目的

主要说明本次实验在理论上要验证的定理、公式等。在操作上,掌握实验所需设备的具体操作方法、注意事项等。

1. 学会放大器静态工作点的调试方法,分析静态工作点对放大器性能的影响。
2. 掌握放大器电压放大倍数、输入电阻、输出电阻及最大不失真输出电压的测试方法。
3. 熟悉常用电子仪器及模拟电路实验设备的使用。

二、实验原理

此项用于阐述实验相关的理论原理、所用到的电路原理图及公式等内容。

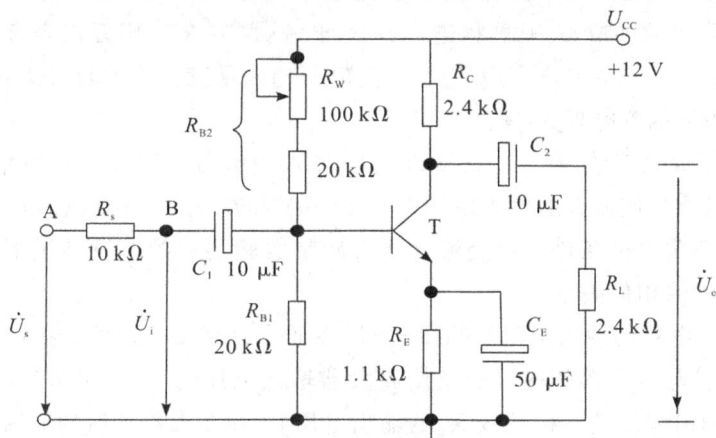

单管放大电路实验电路

$$U_B \approx \frac{R_{B1}}{R_{B1}+R_{B2}}U_{CC}$$

$$I_E \approx \frac{U_B-U_{BE}}{R_E} \approx I_C$$

$$U_{CE}=U_{CC}-I_C(R_C+R_E)$$

电压放大倍数：

$$A_V=-\beta\frac{R_C//R_L}{r_{be}}$$

输入电阻：

$$R_i=R_{B1}//R_{B2}//r_{be}$$

输出电阻：

$$R_o \approx R_C$$

三、实验设备

此项用于列出本次实验所用的仪表仪器、元器件、设备等。

序　号	名　　称	型号与规格	数　量	备　注
1	单管放大电路实验电路板		1	天煌
2	晶体管毫伏表	DF2175B	1	
3	数字万用表	VC9808+	1	
4	数字存储示波器	GDS-1062	1	固伟
5	函数信号发生器	EE1641B1	1	
6	电阻	2.4 kΩ	2	$\frac{1}{4}$ W

四、实验内容

此项用于说明实验的几个内容，并简要阐述操作的步骤和要点。

1. 静态工作点的调节与测试：接通+12 V电源，调节 R_W，用万用表直流电压挡测三极管的电压 U_E，使 U_E=2.0 V，再用万用表直流电压挡测量三极管的 U_B、U_C 两个极的电压，然后用万用电表测量偏置电阻 R_{B2} 值。

2. 测量电压放大倍数：在放大器输入端 U_i 加入频率为 1 kHz 的正弦信号，调节函数信号发生器的输出旋钮使放大器输入电压 $U_i \approx 10$ mV，同时用示波器观察放大器输出电压 u_o 的波形，在波形不失真的条件下用交流毫伏表测量实验要求的 3 种情况下的 U_o 值，并用示波器观察 u_o 和 u_i 的相位关系。

3. 测量放大电路的输入电阻和输出电阻：在放大器的 U_s 端加入频率为 1 kHz 的正弦信号，调节函数信号发生器的输出旋钮使放大器输入电压为 U_i=10 mV，用交流毫伏表测出 U_s 和 U_i，并测出输出端不接负载 R_L 的输出电压 U_o 和接入负载后的输出电压 U_L，再根据测量的值计算出放大电路的 R_i 和 R_o。

五、数据记录

此项用于记录本次实验所测的数据,要真实地将自己所测的数据记录下来。

表1　静态工作点测试数据记录

测量值				计算值		
U_B/V	U_E/V	U_C/V	$R_{B2}/k\Omega$	U_{BE}/V	U_{CE}/V	I_C/mA
2.67	2	7.51	58.6	0.67	5.51	1.818

表2　电压放大倍数测试数据记录

$R_C/k\Omega$	$R_L/k\Omega$	U_o/V	A_V	观察记录一组 u_o 和 u_i 波形
2.4	∞	0.202	20.2	
1.2	∞	0.101	10.1	
2.4	2.4	0.101	10.1	

表3　输入电阻和输出电阻测试数据记录

U_s/mV	U_i/mV	$R_i/k\Omega$		U_L/V	U_o/V	$R_o/k\Omega$	
		测量值	计算值			测量值	计算值
81	10	1.41	1.4	0.102	0.203	2.38	2.4

六、结果与分析

此项用于对实验所测数据进行处理并得出相应的结论,一般有文字叙述、图表、曲线图等方法,可任选一种或几种并用,以获得最好的效果。

1. 由表1的数据可算出三极管的发射结电压 $U_{BE}=(2.67-2)V=0.67\ V>0$,集电结电压 $U_{BC}=(2.67-7.51)V=-4.48\ V<0$,说明三极管发射结正偏,集电结反偏,三极管处于正常放大区。

2. 由表2的数据可算出当 $R_C=2.4\ k\Omega$,$R_L=\infty$时,$A_V=U_o/U_i=0.202/0.01=20.2$。

当 $R_C=1.2\ k\Omega$,$R_L=\infty$时,$A_V=U_o/U_i=0.101/0.01=10.1$。

当 $R_C=2.4\ k\Omega$,$R_L=2.4\ k\Omega$ 时,$A_V=U_o/U_i=0.101/0.01=10.1$。

因为电压放大倍数 $A_V=-\beta\dfrac{R_C//R_L}{r_{be}}$,因此当 R_C 和 R_L 的值变化时,A_V 的值也跟着变化。R_C 越大,电压放大倍数 A_V 越大;R_L 越大,电压放大倍数 A_V 越大。

3. 由表3的数据可算出

$$R_i=\frac{U_i}{I_i}=\frac{U_i}{\dfrac{U_R}{R}}=\frac{U_i}{U_s-U_i}R=\frac{10}{81-10}\times10\ \Omega=1.4\ \Omega$$

$$R_{\circ}=\left(\frac{U_{\circ}}{U_{L}}-1\right)R_{L}=\left(\frac{0.203}{0.102}-1\right)\times 2.4\times 10^{3}\ \Omega=2.38\ \Omega$$

由计算得此放大电路的输入电阻小输出电阻大。输入电阻是用来衡量放大器对信号源影响的一个性能指标。如果想从信号源取得较大的电流,则应该使放大器具有较小的输入电阻。

输出电阻用来衡量放大器带负载能力的强弱,如果输出电阻 $R_{\circ}$ 很大,满足 $R_{\circ}\geqslant R_{L}$ 的条件,则当 R_{L} 在较大范围内变化时,就可维持输出信号电流的恒定。

附录Ⅱ 常用集成电路引脚功能图

1. 74LS00

四2输入与非门 $Y=\overline{AB}$

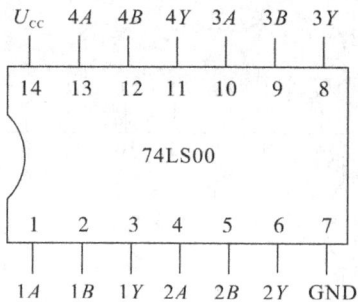

U_{cc}	4A	4B	4Y	3A	3B	3Y
14	13	12	11	10	9	8

74LS00

1	2	3	4	5	6	7
1A	1B	1Y	2A	2B	2Y	GND

2. 74LS04

六反相器 $Y=\overline{A}$

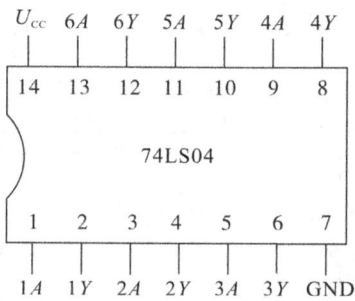

U_{cc}	6A	6Y	5A	5Y	4A	4Y
14	13	12	11	10	9	8

74LS04

1	2	3	4	5	6	7
1A	1Y	2A	2Y	3A	3Y	GND

3. 74LS02

四2输入或非门 $Y=\overline{A+B}$

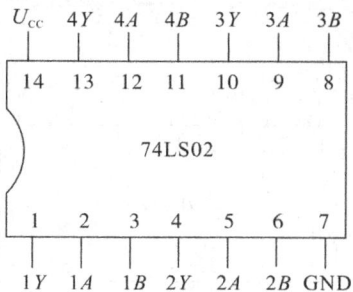

U_{cc}	4Y	4A	4B	3Y	3A	3B
14	13	12	11	10	9	8

74LS02

1	2	3	4	5	6	7
1Y	1A	1B	2Y	2A	2B	GND

4. 74LS86

四2输入异或门 $Y=A\oplus B$

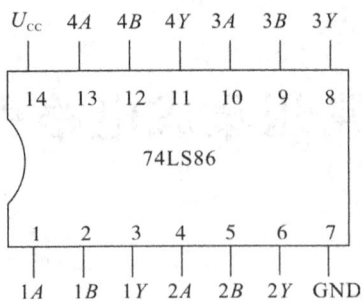

前缀标注：U_{cc} 4A 4B 4Y 3A 3B 3Y（引脚 14 13 12 11 10 9 8）
74LS86
引脚 1 2 3 4 5 6 7
1A 1B 1Y 2A 2B 2Y GND

5. 74LS32

四 2 输入或门　$Y = A + B$

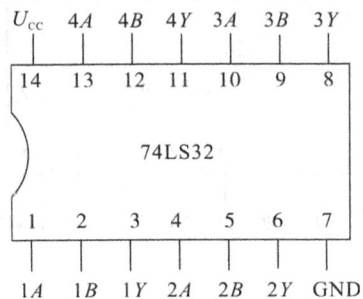

前缀标注：U_{cc} 4A 4B 4Y 3A 3B 3Y（引脚 14 13 12 11 10 9 8）
74LS32
引脚 1 2 3 4 5 6 7
1A 1B 1Y 2A 2B 2Y GND

6. 74LS08

四 2 输入与门　$Y = A \cdot B$

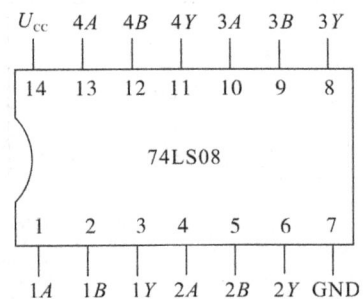

前缀标注：U_{cc} 4A 4B 4Y 3A 3B 3Y（引脚 14 13 12 11 10 9 8）
74LS08
引脚 1 2 3 4 5 6 7
1A 1B 1Y 2A 2B 2Y GND

7. 74LS125

三态门

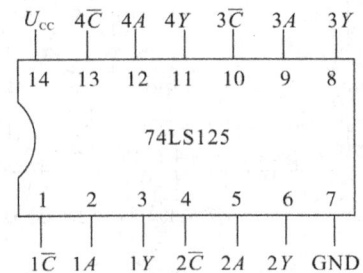

前缀标注：U_{cc} $4\overline{C}$ 4A 4Y $3\overline{C}$ 3A 3Y（引脚 14 13 12 11 10 9 8）
74LS125
引脚 1 2 3 4 5 6 7
$1\overline{C}$ 1A 1Y $2\overline{C}$ 2A 2Y GND

8. 74LS20

双四输入与非门　$Y = \overline{A \cdot B \cdot C \cdot D}$

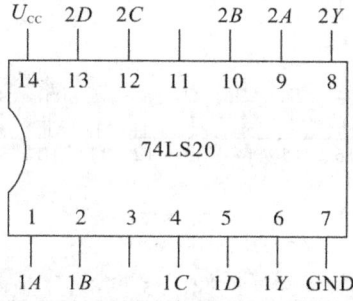

U_{CC} 2D 2C 2B 2A 2Y

14 13 12 11 10 9 8

74LS20

1 2 3 4 5 6 7

1A 1B 1C 1D 1Y GND

9. 74LS74
双 D 触发器

U_{CC} $2\overline{R}_D$ 2D 2CP $2\overline{S}_D$ 2Q $2\overline{Q}$

14 13 12 11 10 9 8

74LS74

1 2 3 4 5 6 7

$1\overline{R}_D$ 1D 1CP $1\overline{S}_D$ 1Q $1\overline{Q}$ GND

10. 74LS112
双 JK 触发器

U_{CC} $1\overline{R}_D$ $2\overline{R}_D$ $2\overline{CP}$ 2K 2J $2\overline{S}_D$ 2Q

16 15 14 13 12 11 10 9

74LS112

1 2 3 4 5 6 7 8

$1\overline{CP}$ 1K 1J $1\overline{S}_D$ 1Q $1\overline{Q}$ $2\overline{Q}$ GND

11. 74LS138
3-8 译码器

U_{CC} $\overline{Y_0}$ $\overline{Y_1}$ $\overline{Y_2}$ $\overline{Y_3}$ $\overline{Y_4}$ $\overline{Y_5}$ $\overline{Y_6}$

16 15 14 13 12 11 10 9

74LS138

1 2 3 4 5 6 7 8

A_0 A_1 A_2 $\overline{S_3}$ $\overline{S_2}$ S_1 $\overline{Y_7}$ GND

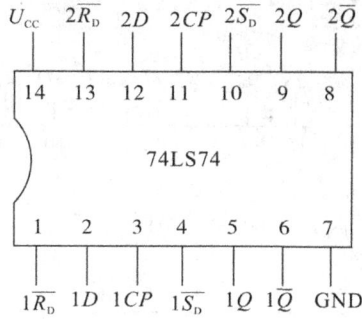

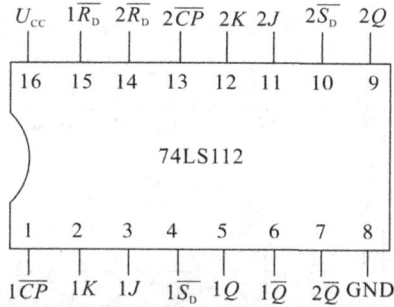

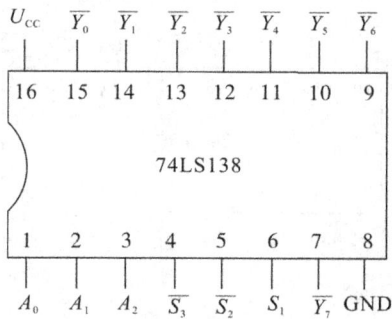

12. 74LS151

8 选 1 数据选择器

13. 74LS153

4 选 1 数据选择器

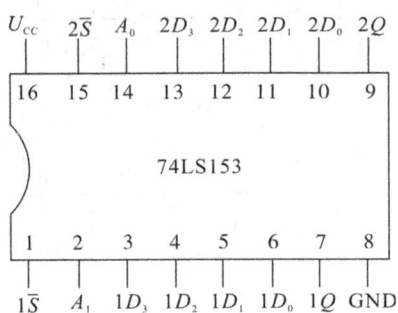

14. 74LS139

双 2-4 译码器

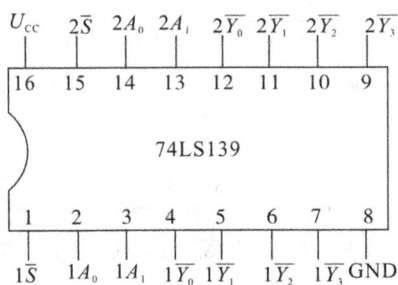

15. 74LS161

4 位二进制同步计数器

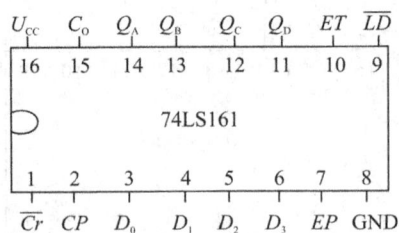

16. 74LS290
二-五-十进制异步计数器

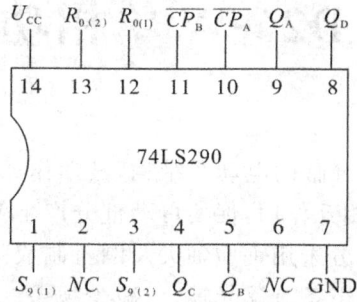

17. 74LS194
四位双向位寄存器

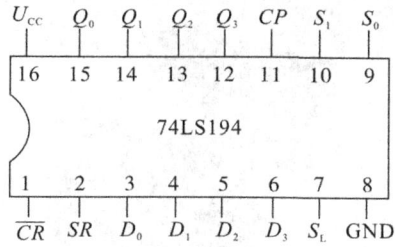

18. 74LS47
BCD 码七段译码器

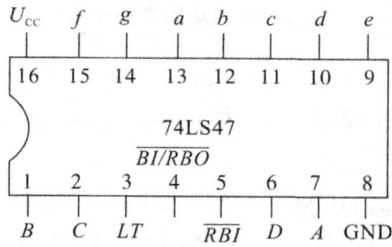

附录Ⅲ　D26-W 单相功率表简介

　　D26 型单相功率表为带有屏蔽的电动系结构,其动作原理是,当仪表通电以后,固定线圈与动圈均产生磁场,两磁场相互作用,促使可动部分产生偏转,因而可从固定转轴上的指针直接读出被测的量。转动部分采用钢质轴尖及刚玉制成弹性轴承,因而仪表的摩擦误差很小。指针为刀口形。刻度板下备有反光镜,以减少视差。仪表使用空气式阻尼器。仪表具有良好的补偿线路,所以指示值受温度变化影响较小。整个测量机构置于双层屏蔽内,具有良好的密封性能,如下图所示。

D26-W 型功率表外形图

使用、操作注意事项:

　　1. 使用时仪表应放在水平位置,尽可能远离强电流导线和强磁性场质,以免增加仪表误差。

　　2. 仪表指针如不在零位时,可利用表盖上的调节器调整。

　　3. 根据所需测量范围按下图所示将仪表接入电路,在通电前,必须对线路中的电流或电压有所估计,避免超载,使仪表遭到损坏。

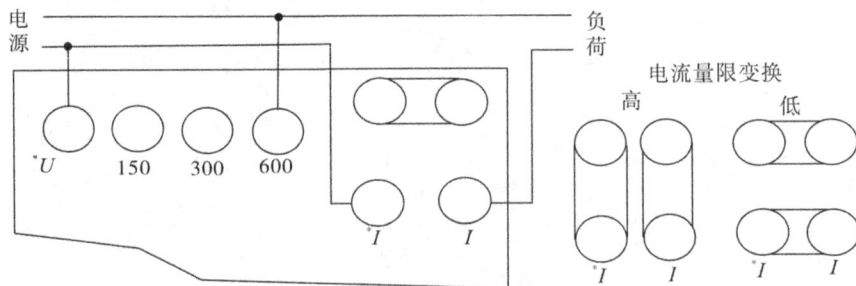

D26-W 型功率表连接图

　　4. D26-W 功率表测量时如遇仪表指针反向偏转时,应改变换向开关极性,即可使指针顺方向偏转,切勿互换电压接线,以免使仪表产生误差。

5. D26-W 功率表的指示值可按下式计算:

$$P = C\alpha(\text{W})$$

式中,P 为功率指示值;C 为仪表常数,亦即每格刻度所代表的瓦特,见如下换算表;α 为指针偏转后的指示格数。

C 换算表

额定电流/A	额定电压/V		
	150	300	600
0.5	0.5	1	2
1.0	1.0	2	4

参考文献

[1]康华光.电子技术基础[M].5 版.北京:高等教育出版社,2006.

[2]秦曾煌.电工学[M].7 版.北京:高等教育出版社,2009.

[3]邱关源.电路[M].5 版.北京:高等教育出版社,2011.

[4]余孟尝.数字电子技术基础简明教程[M].3 版.北京:高等教育出版社,2007.